防灾减灾系列教材

防灾减灾中的数学模型及应用

王福昌　赵宜宾　钱小仕　张丽娟　编著

清华大学出版社
北京交通大学出版社
·北京·

内容简介

本书将一些现代数学建模方法与"全灾种、大应急"背景下防灾减灾任务相结合，主要将概率和统计模型用于地震数据分析，解决地震断层面确定、地震风险评估与预测问题；将元胞自动机模型用于应急疏散过程的模拟；将微分方程模型用于描述传染病扩散和大桥坍塌过程；将机器学习模型用于滑坡灾害的预测等。本书是将数学模型应用于防灾减灾领域的一些探索，是编者近年来一些研究成果的总结。书中不仅有数学模型的理论，还结合应用案例给出了程序代码，便于读者学习和使用。

本书可以作为数学实验与数学建模教材，也可以供工程技术人员、科技工作者参考。

图书在版编目（CIP）数据

防灾减灾中的数学模型及应用 / 王福昌等编著. —北京：北京交通大学出版社 ：清华大学出版社，2022.11

ISBN 978-7-5121-4827-7

Ⅰ．① 防… Ⅱ．① 王… Ⅲ．① 数学模型–应用–灾害–防治–研究　Ⅳ．① X4

中国版本图书馆 CIP 数据核字（2022）第 204598 号

防灾减灾中的数学模型及应用
FANGZAI JIANZAI ZHONG DE SHUXUE MOXING JI YINGYONG

责任编辑：韩素华
出版发行：清 华 大 学 出 版 社　　邮编：100084　　电话：010-62776969
　　　　　北京交通大学出版社　　邮编：100044　　电话：010-51686414
印 刷 者：北京虎彩文化传播有限公司
经　　销：全国新华书店
开　　本：185 mm×260 mm　　印张：12　　字数：301 千字
版 印 次：2022 年 11 月第 1 版　　2022 年 11 月第 1 次印刷
印　　数：1～800 册　　定价：39.00 元

本书如有质量问题，请向北京交通大学出版社质监组反映。对您的意见和批评，我们表示欢迎和感谢。
投诉电话：010-51686043，51686008；传真：010-62225406；E-mail：press@bjtu.edu.cn。

防灾减灾系列教材编审委员会成员

前　　言

防灾减灾救灾事关人民生命财产安全，事关社会和谐稳定．近年来，随着经济和社会的发展，"人民至上，生命至上"的理念深入人心，人们对美好生活的追求越来越高，相应地对防灾减灾救灾技术也提出越来越高的要求．数学作为一门基础学科，它与计算机相结合形成的数学技术也在各个领域内发挥着越来越重要的作用，在防灾减灾领域自然也可以大有作为．

编者所在的防灾科技学院隶属于中国地震局，长期专注于地震学、地质学、地下水、结构抗震、地震工程、地震仪器、灾害信息处理、应急管理与技术等方面的研究，取得了一系列优秀成果，形成了良好的学术积淀．编者虽然为数学教师，但在长期教学和科研过程中也经常学习和了解与地震相关的专业知识，并与相关专业进行部分课题的合作研究，主要负责专业问题的数学建模和编程工作，本书就是对这些研究工作的部分总结．

本书围绕结构抗震模型、地震风险评价模型、应急疏散模型、传染病传播模型、地震断层面拟合模型、边坡滑坡预测模型、震灾预测评估模型等，对防灾减灾中最新发展的常用数学模型进行总结，共分 13 章，第 1，2，3，5，11 和 13 章由王福昌编写，第 4，12 章由钱小仕编写，第 6，8，9，10 章由赵宜宾编写，第 7 章由张丽娟编写．为便于查找，本书参考文献按章分列．

本书可以作为高等院校本科或研究生数学建模课程或相关专业课程的教科书或参考书，书中各章内容相对独立，给出了研究背景、数学方法和模型、求解算法、相关应用案例和部分计算程序，便于读者自学．读者在学习过程中必须理解数学模型的本质和建模方法，输入和调试一定量的代码，将一些算法写成程序，才能真正掌握和使用数学模型与算法．

最后，感谢北京交通大学出版社对本书出版给予的支持．由于作者水平和时间所限，书中疏漏和错误在所难免，敬请读者提出宝贵意见和建议．在使用过程中，如果有问题，可以通过电子邮件与编者联系（E-mail: cidpmath@126.com）．

编　者

2022 年 9 月

目　　录

第1章　求多边形面积的方法及应用

求几何图形的面积具有悠久的历史，在古埃及时期，每年尼罗河下游的河水泛滥过后，人们都需要重新测量土地，我国古书《九章算术》中也有关于面积和体积的计算方法. 针对多种实际应用场景，人们给出了很多关于面积和体积的计算公式. 本章主要介绍平面上一些不规则多边形面积的计算方法及其应用.

1.1　简单多边形的面积

平面图形有很多种情形，初等数学中对常见的三角形、矩形、梯形、圆形和扇形等平面图形的面积都给出了相应的计算公式. 对一般的曲边梯形或可以转化为曲边梯形面积代数和的图形，则可用积分（含数值积分）求出它的面积. 而有些图形比较复杂，如图1-1所示的某地略图，如何根据边界坐标简便地求出它的面积呢？这里介绍一个求平面任意多边形面积的鞋带公式，又称测量员公式.

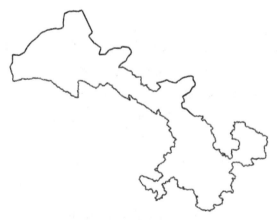

图1-1　某地略图

所谓鞋带公式或鞋带算法，是指一种计算平面多边形面积的简单而有效的方法.

鞋带公式：对平面区域内一个简单多边形区域 D，其边界顶点坐标按逆时针排序为 (x_1, y_1)，(x_2, y_2)，$\cdots$，(x_n, y_n)，则它的面积为

$$A = \frac{1}{2}\sum_{i=1}^{n}(x_i y_{i+1} - x_{i+1} y_i) = \frac{1}{2}\sum_{i=1}^{n}\begin{vmatrix} x_i & y_i \\ x_{i+1} & y_{i+1} \end{vmatrix},$$

（1-1）

式中，令 $x_{n+1} = x_1, y_{n+1} = y_1$.

对式（1-1）有很多种证明方法，这里给出一种基于格林公式的证明方法. 先回顾一下格林公式：设闭区域 D 是由分段光滑的曲线 L 围成，若函数 $P(x, y)$ 及 $Q(x, y)$ 在 D 上具有一阶连续偏导数，则

$$\iint_D \left(\frac{\partial Q}{\partial x} - \frac{\partial P}{\partial y} \right) dxdy = \oint_L (Pdx + Qdy) \qquad (1-2)$$

式中：L——闭区域 D 取正向的边界曲线.

式（1-2）称为格林公式.

若令 $P(x, y) = -y$，$Q(x, y) = x$，则有区域 D 的面积为

$$A = \iint_D dxdy = \frac{1}{2} \iint_D \left(\frac{\partial Q}{\partial x} - \frac{\partial P}{\partial y} \right) dxdy.$$

如果在积分闭曲线 L 上按逆时针任取 n 个点：$(x_1, y_1), (x_2, y_2), \cdots, (x_n, y_n)$，把 L 分为 n 段，对第 i 段用直线段 $L_i : x = x_i + t(x_{i+1} - x_i), y = y_i + t(y_{i+1} - y_i), t : 0 \to 1$ 近似. 在 L_i 上计算线积分

$$\begin{aligned} A &= \frac{1}{2} \oint_L (xdy - ydx) \approx \frac{1}{2} \sum_{i=1}^n \int_{L_i} (xdy - ydx) \\ &= \frac{1}{2} \sum_{i=1}^n \int_0^1 [(x_i + t(x_{i+1} - x_i))(y_{i+1} - y_i) - (y_i + t(y_{i+1} - y_i))(x_{i+1} - x_i)]dt \\ &= \frac{1}{2} \sum_{i=1}^n \int_0^1 (x_i y_{i+1} - x_{i+1} y_i)dt = \frac{1}{2} \sum_{i=1}^n (x_i y_{i+1} - x_{i+1} y_i) \\ &= \frac{1}{2} \sum_{i=1}^n \begin{vmatrix} x_i & y_i \\ x_{i+1} & y_{i+1} \end{vmatrix} \end{aligned} \qquad (1-3)$$

式中，令 $x_{n+1} = x_1, y_{n+1} = y_1$.

因为在式（1-3）中，构成多边形的坐标不断交叉倍增，就像绑鞋带一样，故称其为鞋带公式. 由证明过程可知，在区域 D 边界曲线上的采样点越密集，鞋带公式的计算结果越精确.

其实，在格林公式中，也可令 $P(x, y) = 0$，$Q(x, y) = x$，则得区域 D 的面积

$$A = \iint_D \left(\frac{\partial Q}{\partial x} - \frac{\partial P}{\partial y} \right) dxdy = \oint_L Qdy.$$

可用类似的方法，离散化得到鞋带公式.

1.2　计算机求解

由于式（1-1）非常简单，用计算机求解也比较方便，在 MATLAB 中可以用一行代码求出以 $(x_1, y_1), (x_2, y_2), \cdots, (x_n, y_n)$ 为顶点的多边形面积，代码为：

```
A =0.5*sum(x.*y([2:n, 1])-x([2:n, 1]).*y)
```

其中 x，y 分别为坐标数据.

其实，MATLAB 自带了求多边形面积的 polyarea (x, y) 函数.

由格林公式的适用范围和证明过程可知，鞋带公式可以求任意形状的平面多边形面积，比传统的网格法和利用小梯形微元面积累加的定积分思想的方法适用范围更广，计算更加简便.

1.3　在滞回环面积求解中的应用

本节介绍一个工程应用案例——滞回环数据分析. 首先对求滞回环面积的背景和计算方法进行回顾. 其次，寻找滞回环数据集中位移数据的正负号改变的点，从而自动分离出各个滞回环数据，并利用凸包算法找出滞回环数据的上下骨架曲线. 最后，从美国太平洋地震工程研究中心（PEER）下载文献[13]对应的 9 个试件测量数据进行处理，检验方法的有效性.

1.3.1　问题背景

在研究结构的抗震性能拟静力试验[1-3]和岩石弹塑性应变等力学试验[4-8]中，经常要对试件在循环加卸载下得到的数据进行滞回环分析. 一般情况下得到的数据较多，需要利用计算机辅助进行处理[9]. 文献中的处理方法或者比较复杂[10]，或者提供的是编好的软件[9]，没有给出计算方法的细节，不利于工程技术人员理解. 如查小琴[10]计算滞回环面积前对原始数据作保形映射，再在 Excel 中用梯形积分方法和 Origin 中的积分（Integrate）菜单，计算过程复杂，精度和自动化程度不高. 虽然最近仍有人采用这种方法[11]，但有一种更简便的计算平面多面形面积的"鞋带公式".

1.3.2　滞回环数据的分割方法

在拟静力试验中，往往对结构或试件进行多次加卸载，从而得到连在一起的多个滞回环数据（见图 1-2），因此在求每个滞回环面积前，往往先对滞回环数据进行分割，自动提取包含的每个滞回环数据进行单独分析（见图 1-3），最后相加得到总耗能.

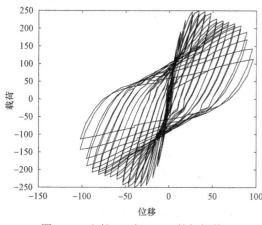

图 1-2　文献[13]中 C1-1 的加卸载
　　　载荷-位移全过程曲线

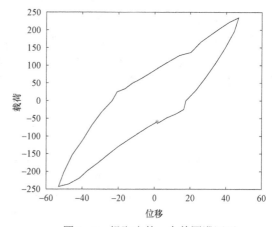

图 1-3　提取出的一个单圈滞回环

　　下面给出一种较为简便的分割方法. 首先观察数据中心位置, 如图 1–3 中的数据中心为 $(0, 0)$, 选择参考变量（如位移）, 可以发现, 每个滞回环过中心位置的垂直直线有两个交点, 离垂直直线最近的两个点 $(x_i, y_i), (x_{i+1}, y_{i+1})$ 横坐标异号, 即 $x_i x_{i+1} < 0$, 因此不妨选 (x_{i+1}, y_{i+1}) 为滞回环的起点, 到第 2 个横坐标异号点恰好走了一半, 再找到第 3 个横坐标异号点, 即可构成一个滞回环, 以第 3 个横坐标异号点作为下一个滞回环的起点, 一直找到数据结束. 为便于应用, 给出自动分割滞回环的 MATLAB 程序, 当数据量大时, 可以节约大量人力.

　　以下为 MATLAB 滞回曲线分圈程序 HCS, 分圈以滞回曲线中位移 x 为基准变量, 以位移变号点判断是否为完整单圈加载循环, 即每两个位移 x 的变号点之间的数据为构成一个单圈滞回曲线的数据, 并将每圈起止点序号存于 ci 中.

```
function ci = HCS(x)
% 根据滞回曲线的参考变量 x 返回每个滞回环数据的变号点在原数据中的序号 ci
N = length(x);       % 采样点个数
ci = [1];            % 赋初值
% 识别每圈滞回曲线与 y 轴的交点
for i = 1:N-1
    if x(i)*x(i+1)<= 0
        ci = [ci, i+1];
    end
end
cik = [];
for k = 2:length(ci)
    if (ci(k) − ci(k−1))<5
        cik = [cik, k];
    end
end
ci(cik)=[];
```

　　为方便观察单圈滞回曲线是否有错误, 可以编写绘制单个滞回环的程序 Hysteresis Plot (Data, ci, t), 其中 Data 为数据, ci 为滞回环数据中变号点的序号, t 为绘图时的停留时间, 这里让最后一个点与起始点相连, 形成一个闭环, 也可以是开的.

```
function [] = HysteresisPlot(Data, ci, t)
% 按照起止点 ci 分圈绘制滞回曲线 Hysteresis, 并标出起止点 ci
    if t > 0
        m = length(ci);
        for i = 1:2:m−2
            Loop = Data([ci(i):ci(i+2), ci(i)],:);
                figure('NumberTitle','off','Name','单滞回环');
                plot(Loop(:, 1), Loop(:, 2),'k');xlabel('位移');  ylabel('载荷');
                n = length(Loop); plot(Loop(n, 1), Loop(n, 2),'r*');
        end
    end
```

1.3.3　滞回环的面积（耗能）统计

在提取出每个单滞回环后，即可用前面给出的鞋带公式计算每个滞回环的面积，累计得到所有滞回环数据之和，即总耗能. 下面给出计算的对应程序.

```
function [ES, ESV] = HE(Data, ci)
% 计算滞回曲线叠加耗能存入 ESV 数组
 m = length(ci); ESV = [];
for i = 1:2:m-2
        %计算每个滞回环面积
    Loop = Data([ci(i):ci(i+2)],:);% 提取每个滞回环数据
    n = ci(i+2)-ci(i)+1;
    ESV = [ESV,-0.5*sum(Loop(:, 1).*Loop([2:n 1], 2)-Loop([2:n 1], 1).*Loop(:, 2))];
end
Loopend = Data([ci(m):end],:);%强制最后的数据形成一个滞回环，并计算面积（见图1-4）
ESV=[ESV,-0.5*sum(Loopend(:, 1).*Loopend([2:end 1], 2)-Loopend([2:end 1],
1).*Loopend(:, 2))];
ES = sum(ESV);%所有滞回环面积之和（见图1-5），即总耗能
%%%%%%%% 结果显示
sprintf('总耗能 ES=%f', ES)
plot(ESV,'s-','linewidth', 2), grid on;
xlabel('滞回环序号'), ylabel('耗能/(kN·mm)')
figure
plot(cumsum(ESV),'s-','linewidth', 2), grid on;
xlabel('滞回环序号'), ylabel('耗能/(kN·mm)')
```

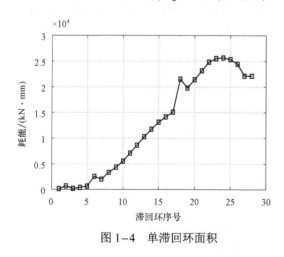

图1-4　单滞回环面积

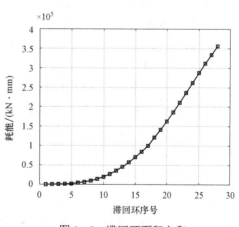

图1-5　滞回环面积之和

这里选取文献[13]中的对应的数据 C1-1，可以从美国太平洋地震工程研究中心（PEER）

下载（http://depts.washington.edu/columdat/rectcol/txfiles/moc11.txt），利用上面的程序，可得总耗能为 342 460.4 kN · mm，与文献[13]中的结果 344 675.2 kN · mm 相比，差别不大. 本章作者还测试了文献[13]中其他的 8 组数据，总耗能相差不多. 对比结果见表 1−1.

表 1−1　文献[13]中 9 个滞回环数据的比较

数据编号	文献[13]结果/ （kN · mm）	本章方法结果/ （kN · mm）	相对误差	数据编号	文献[13]结果/ （kN · mm）	本章方法结果/ （kN · mm）	相对误差
C1−1	344 675.2	342 460.4	− 0.006 4	C3−2	525 245.4	524 657.4	− 0.001 1
C2−1	472 665.3	473 972.6	0.002 8	C1−3	471 402.8	456 940.6	− 0.030 7
C3−1	431 643.4	458 649.1	0.062 6	C2−3	473 566.4	465 973.2	− 0.016 0
C1−2	463 477.0	453 549.2	− 0.021 4	C3−3	596 957.6	597 886.1	0.001 6
C2−2	515 284.9	507 514.9	− 0.015 1				

可以看出，利用本章方法计算的结果与文献[13]的结果非常接近，平均误差为 1.75%，因此使用本章方法来自动计算总耗能是可行的.

1.3.4　骨架曲线的提取

骨架曲线是指往复加载时各次滞回曲线峰点的连线（包络线），它反映出结构或构件的承载力及变形能力. 可以用原点（0, 0）作为中心，把数据分成左下和右上两部分分别处理. 先把右上部分的数据对应为平面上的点，利用计算几何中的凸包（convex hull）概念，寻找包含所有数据的最小边界，然后提取上面边界部分作为上骨架曲线，同理采用类似的方法，对左下部分数据，找到凸包，提取下面部分作为下骨架曲线. 把滞回曲线、上骨架曲线和下骨架曲线画在一起，如图 1−6 所示.

计算平面点集的凸包有很多种有效算法，这里借助 MATLAB 中求凸包的 convhull()函数来确定上骨架曲线（PC）和下骨架曲线（NC），程序源代码如下.

```
function [PC, NC] = skeletoncurve(Data)
% 截取正向滞回
Loc = find(Data(:, 1)>0&Data(:, 2)>0);
pdisp = Data(Loc, 1); % 位移数据
pforc = Data(Loc, 2); % 载荷数据
% 获得包络点
k1 = convhull(pdisp, pforc);  % 凸包点序号
%凸包点坐标
pc(:, 1) = pdisp(k1);  pc(:, 2) = pforc(k1);
% 去除反向包络线
[mp1, ip1] = min(pc(:, 1));[mp2, ip2] = max(pc(:, 1));
```

```
[r, c] = find(pc(:, 1)==mp1);ip1 = r(end);
if ip1<ip2
    rc = [ip2:size(pc, 1), 1:ip1];
else
    rc = ip2:ip1;
end
PC = pc(rc,:);
% 截取反向滞回
Loc = find(Data(:, 1)<=0&Data(:, 2)<=0);ndisp = Data(Loc, 1);nforc = Data(Loc, 2);
% 获得包络点
k2 = convhull(ndisp, nforc);nc(:, 1) = ndisp(k2);nc(:, 2) = nforc(k2);
% 去除反向包络线
[mn1, in1] = min(nc(:, 1));[mn2, in2] = max(nc(:, 1));
[r, c] = find(nc(:, 1)==mn2);in2 = r(end);
NC = nc(in1:in2,:);
```

利用这个程序, 求出文献[13]中对应的数据 C1−1 和 C2−1 的上下骨架曲线, 如图 1−6 和图 1−7 所示. 可以看出, 求出的骨架曲线与数据匹配效果较好. 又计算了其余 7 组数据, 都得到理想结果.

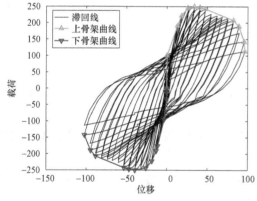

图 1−6　数据 C1−1 和它的上下骨架曲线

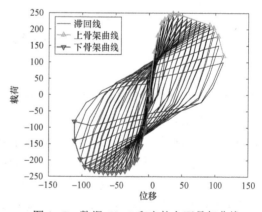

图 1−7　数据 C2−1 和它的上下骨架曲线

1.3.5　讨论

延性抗震设计理论是目前主流的结构抗震设计理论, 试件的变形及耗能是衡量其延性抗震能力的重要指标. 尽管目前很多学者针对试件变形及耗能的计算提供了很多方法, 但多数文献中很少或没有给出程序代码或计算细节, 不利于初学者快速学习和掌握. 本章借助微积分知识证明了不为人熟知但非常简单实用的求滞回环面积的鞋带公式, 与文献中常用的梯形法相比, 无须判断曲线左右两端的转折点和上下部分, 也不需要做任何保形映射. 鞋带公式从原始数据任意一点开始计算, 都可求出面积, 因而计算更加简便, 精度更高.

另外，本章还给出了自动分圈、自动计算单滞回环面积和提取骨架曲线的原理和 MATLAB 部分程序，可以节省处理成本和便于初学者学习. 滞回曲线的分析内容很多，本章还有很多其他内容没有涉及，如利用凸包也可以求多边形面积，滞回分析中的其他变量的计算.

拓展思考

求面积是一个几何问题，具有广泛应用. 上面把对试件的变形及耗能计算转化为几何上的面积计算，类似的问题还有物理学中的磁滞回线分析. 本质上是物理学中的功对应几何中的面积.

回到本章开头，只要给出某地边界坐标（单位化为 km），即可得到该地的面积. 类似地，如果要求河北省面积，用河北省外边界围成的多边形面积减去北京市和天津市的面积即可求得.

对于顺时针给出的数据，鞋带公式给出的值为负值. 有时也用正负值判断封闭折线是顺时针方向还是逆时针方向.

鞋带公式还有很多其他证明方法，本章只是利用格林公式构造了一种特殊格式，只是一种特殊的离散化近似，当然最后都可以证明公式的正确性.

本章仅讨论了平面上简单多边形面积的计算公式，对于实际问题，如果尺度较大，如估计中国南海面积，严格地说，应该在球面上讨论多边形面积.

本章参考文献

[1] 邢国华，王浩楠，黄永安，等. 高强混凝土多重复合芯柱抗震性能试验研究[J]. 土木工程学报，2020，53（4）：50-60.

[2] 赵建军，闫长旺，刘曙光，等. 盐渍土环境中 RC 桥墩柱地震损伤试验研究与计算分析[J]. 防灾减灾工程学报，2020，40（3）：467-475.

[3] 熊仲明，史庆轩，王社良，等. 钢筋混凝土框架-剪力墙模型结构试验的滞回反应和耗能分析[J]. 建筑结构学报，2006，27（4）：89-95.

[4] 邓华锋，胡玉，李建林，等. 循环加卸载过程中砂岩能量耗散演化规律[J]. 岩石力学与工程学报，2016，35（S1）：2869-2875.

[5] 肖福坤，申志亮，刘刚，等. 循环加卸载中滞回环与弹塑性应变能关系研究[J]. 岩石力学与工程学报，2014，33（9）：1791-1797.

[6] 朱明礼，朱珍德，李刚，等. 循环荷载作用下花岗岩动力特性试验研究[J]. 岩石力学与工程学报，2009，28（12）：2520-2526.

[7] 罗吉安，李欣慰. 循环加卸载作用下的岩石损伤本构模型[J]. 安徽理工大学学报（自然科学版），2020，40（1）：16-20.

[8] 李成杰，徐颖，娄培杰，等. 等荷载循环加卸载下砂岩变形滞回环特性[J]. 科学技术与工

程，2017，17（20）：139－143.

[9] 韩小雷，陈彬彬，崔济东，等. 钢筋混凝土剪力墙变形性能指标试验研究[J]. 建筑结构学报，2018，39（6）：1－9.

[10] 查小琴，张欣耀，张亚军，等. 利用常用办公软件 Excel 和 Origin 快速求取滞回环面积的方法[J]. 理化检验－物理分册，2009，45（8）：486－488.

[11] 王亚波，钱磊，奚传豪，等. 粘钢纤维泡沫混凝土复合墙板滞回性能研究[J]. 吉林建筑大学学报，2018，35（2）：1－8.

[12] 同济大学数学系. 高等数学[M]. 7 版. 北京：高等教育出版社，2014.

[13] MO Y L，WANG S J. Seismic behavior of RC columns with various tie configurations[J]. Journal of structural engineering，2000，126（10）：1122－1130.

第 2 章　Logistic 回归模型及其应用

Logistic 回归是针对因变量为分类变量的回归分析方法, 属于概率型非线性回归. 分类变量有二分类（有两个分类状态）和多分类（多个分类状态）, 这里主要介绍二分类情形.

2.1　二值 k 元 Logistic 回归模型

假设因变量 Y 是一个取值为 1 和 0 的二值变量, $\boldsymbol{x} = (x_1, x_2, \cdots, x_k)$ 是影响 Y 的 k 个因素, 回归系数 $\boldsymbol{\beta} = (\beta_0, \beta_1, \cdots, \beta_k)^{\mathrm{T}}$, 则 Y 关于 $\boldsymbol{x}$ 的 k 元 Logistic 回归模型定义为

$$
\begin{aligned}
p(\boldsymbol{x}) = P\{Y = 1 \big| \boldsymbol{x}\} &= \frac{\exp(\beta_0 + \beta_1 x_1 + \beta_2 x_2 + \cdots + \beta_k x_k)}{1 + \exp(\beta_0 + \beta_1 x_1 + \beta_2 x_2 + \cdots + \beta_k x_k)} \\
&= \frac{\exp([1,\ \boldsymbol{x}]\boldsymbol{\beta})}{1 + \exp([1,\ \boldsymbol{x}]\boldsymbol{\beta})}
\end{aligned}
\tag{2-1}
$$

由式（2-1）可得

$$
P\{Y = 0 \big| \boldsymbol{x}\} = \frac{1}{1 + \exp([1,\ \boldsymbol{x}]\boldsymbol{\beta})}
\tag{2-2}
$$

2.2　模型回归系数的最大似然估计

2.2.1　模型假设

再假设从总体 $(Y, \boldsymbol{x})$ 中抽取一个容量为 $n_1 + n_2$ 的随机样本 $(1, \boldsymbol{x}_1), (1, \boldsymbol{x}_2), \cdots, (1, \boldsymbol{x}_{n_1})$, $(0, \boldsymbol{x}_{n_1+1}), (0, \boldsymbol{x}_{n_1+2}), \cdots, (0, \boldsymbol{x}_{n_1+n_2})$, 其中 $\boldsymbol{x}_i = (x_{i1}, x_{i2}, \cdots, x_{ik})$, $i = 1, 2, \cdots, n_1 + n_2$, 则有似然函数为

$$
L(\boldsymbol{\beta}) = \prod_{i=1}^{n_1} P\{Y = 1 \big| \boldsymbol{x}_i\} \prod_{i=n_1+1}^{n_1+n_2} P\{Y = 0 \big| \boldsymbol{x}_i\} = \prod_{i=1}^{n_1} \frac{\exp([1,\ \boldsymbol{x}_i]\boldsymbol{\beta})}{1 + \exp([1,\ \boldsymbol{x}_i]\boldsymbol{\beta})} \prod_{i=n_1+1}^{n_1+n_2} \frac{1}{1 + \exp([1,\ \boldsymbol{x}_i]\boldsymbol{\beta})}
\tag{2-3}
$$

两边取对数, 整理可得对数似然函数为

$$
\ln L(\boldsymbol{\beta}) = \sum_{i=1}^{n_1} [1,\ \boldsymbol{x}_i]\boldsymbol{\beta} - \sum_{i=1}^{n_1+n_2} \ln[1 + \exp([1,\ \boldsymbol{x}_i]\boldsymbol{\beta})]
\tag{2-4}
$$

为求参数的最大似然估计量，通过计算式（2-4）的驻点，可求对数似然函数 $\ln L(\boldsymbol{\beta})$ 关于 $\boldsymbol{\beta}$ 的似然方程组为

$$
\begin{cases}
\dfrac{\partial \ln L(\boldsymbol{\beta})}{\partial \beta_0} = n_1 - \displaystyle\sum_{i=1}^{n_1+n_2} \frac{1}{1+\exp(-[1, \boldsymbol{x}_i]\boldsymbol{\beta})} = 0 \\[3mm]
\dfrac{\partial \ln L(\boldsymbol{\beta})}{\partial \beta_1} = \displaystyle\sum_{i=1}^{n_1} x_{i1} - \sum_{i=1}^{n_1+n_2} \frac{x_{i1}}{1+\exp(-[1, \boldsymbol{x}_i]\boldsymbol{\beta})} = 0 \\
\quad\vdots \\
\dfrac{\partial \ln L(\boldsymbol{\beta})}{\partial \beta_k} = \displaystyle\sum_{i=1}^{n_1} x_{ik} - \sum_{i=1}^{n_1+n_2} \frac{x_{ik}}{1+\exp(-[1, \boldsymbol{x}_i]\boldsymbol{\beta})} = 0
\end{cases}
\tag{2-5}
$$

式（2-5）为非线性方程组，一般情况下没有解析解，可以用 Newton-Raphson 迭代方法求其数值解，令

$$
F(\boldsymbol{\beta}) = \begin{bmatrix}
n_1 - \displaystyle\sum_{i=1}^{n_1+n_2} \frac{1}{1+\exp(-[1, \boldsymbol{x}_i]\boldsymbol{\beta})} \\[3mm]
\displaystyle\sum_{i=1}^{n_1} x_{i1} - \sum_{i=1}^{n_1+n_2} \frac{x_{i1}}{1+\exp(-[1, \boldsymbol{x}_i]\boldsymbol{\beta})} \\
\vdots \\
\displaystyle\sum_{i=1}^{n_1} x_{ik} - \sum_{i=1}^{n_1+n_2} \frac{x_{ik}}{1+\exp(-[1, \boldsymbol{x}_i]\boldsymbol{\beta})}
\end{bmatrix}
\tag{2-6}
$$

则 $F(\boldsymbol{\beta})$ 关于 $\boldsymbol{\beta}$ 的 Jacobian 矩阵为

$$
J(\boldsymbol{\beta}) = -\sum_{i=1}^{n_1+n_2} \frac{\exp(-[1, \boldsymbol{x}_i]\boldsymbol{\beta})}{\{1+\exp(-[1, \boldsymbol{x}_i]\boldsymbol{\beta})\}^2} \begin{bmatrix} 1 \\ \boldsymbol{x}_i \end{bmatrix} [1 \quad \boldsymbol{x}_i]
\tag{2-7}
$$

给出参数的最大似然估计量，等价于求对数似然函数［式（2-4）］的最大值点，可以考虑下面最常用的三种算法.

2.2.2　最速下降法

最速下降法，也称梯度下降法，是由法国著名数学家 Cauchy 在 1847 年提出的. 最速下降法是求解无约束最优化问题最简单和最古老的方法之一. 最速下降法用负梯度作为搜索方向，算法非常简单，通常对凸解析函数具有良好的收敛性.

算法如下：

Step 1：给定参数 $\boldsymbol{\beta}$ 的初值 $\boldsymbol{\beta}^{(0)}$ 和误差容许精度 ε，令 $n=0$；

Step 2：从 $\boldsymbol{\beta}^{(n)}$ 出发，沿该点负梯度方向 $-F(\boldsymbol{\beta}^{(n)})$ 进行一维搜索，求 λ_n 满足 $\ln L(\boldsymbol{\beta}^{(n)} + \lambda_n F(\boldsymbol{\beta}^{(n)})) = \min\limits_{\lambda>0} \ln L(\boldsymbol{\beta}^{(n)} + \lambda F(\boldsymbol{\beta}^{(n)}))$；

Step 3：计算 $\boldsymbol{\beta}^{(n+1)} = \boldsymbol{\beta}^{(n)} - \lambda_n F(\boldsymbol{\beta}^{(n)}), n=0,1,2,\cdots$；

Step 4：若 $\left\| [J(\boldsymbol{\beta}^{(n)})]^{-1} F(\boldsymbol{\beta}^{(n)}) \right\| < \varepsilon$ 或 $\left\| F(\boldsymbol{\beta}^{(n)}) \right\| < \varepsilon$，即满足容许的精度，则结束，否则更新参数 $\boldsymbol{\beta}^{(n)} = \boldsymbol{\beta}^{(n+1)}$，$n=n+1$，转至 Step 2.

2.2.3 Newton-Raphson 方法

根据 Newton-Raphson 方法的原理，可得参数 $\boldsymbol{\beta}$ 估计的迭代公式为

$$\boldsymbol{\beta}^{(n+1)} = \boldsymbol{\beta}^{(n)} - \left[J(\boldsymbol{\beta}^{(n)})\right]^{-1} F(\boldsymbol{\beta}^{(n)}), n = 0,1,2,\cdots \qquad (2-8)$$

算法如下：

Step 1：给定参数 $\boldsymbol{\beta}$ 的参数 $\boldsymbol{\beta}^{(0)}$ 和误差容许精度 ε，令 $n=0$；

Step 2：计算 $\boldsymbol{\beta}^{(n+1)} = \boldsymbol{\beta}^{(n)} - \left[J(\boldsymbol{\beta}^{(n)})\right]^{-1} F(\boldsymbol{\beta}^{(n)}), n = 0,1,2,\cdots$；

Step 3：若 $\left\|\left[J(\boldsymbol{\beta}^{(n)})\right]^{-1} F(\boldsymbol{\beta}^{(n)})\right\| < \varepsilon$ 或 $\left\|F(\boldsymbol{\beta}^{(n)})\right\| < \varepsilon$，即满足容许的精度，则结束，否则更新参数 $\boldsymbol{\beta}^{(n)} = \boldsymbol{\beta}^{(n+1)}$，$n = n+1$，转至 Step 2.

2.2.4 二次下界法

由于在式（2-8）中，每次计算雅可比矩阵 $J(\boldsymbol{\beta}^{(n)})$ 的逆矩阵需要大量计算时间，于是王佳和丁洁丽基于 Logistic 回归模型特点给出了改进的 Newton-Raphson 方法——二次下界算法，该算法只计算一次逆矩阵即可，虽然迭代次数增加了，但不再多次计算逆矩阵，总体耗时大大减少.

算法如下：

Step 1：给定参数 $\boldsymbol{\beta}$ 的初值 $\boldsymbol{\beta}^{(0)}$、初值对应的雅可比矩阵 $J(\boldsymbol{\beta}^{(0)})$ 和误差容许精度 ε，令 $n=0$；

Step 2：计算 $\boldsymbol{\beta}^{(n+1)} = \boldsymbol{\beta}^{(n)} - \left[J(\boldsymbol{\beta}^{(0)})\right]^{-1} F(\boldsymbol{\beta}^{(n)}), n = 0,1,2,\cdots$；

Step 3：若 $\left\|\left[J(\boldsymbol{\beta}^{(n)})\right]^{-1} F(\boldsymbol{\beta}^{(n)})\right\| < \varepsilon$ 或 $\left\|F(\boldsymbol{\beta}^{(n)})\right\| < \varepsilon$，即满足容许的精度，则结束，否则更新参数 $\boldsymbol{\beta}^{(n)} = \boldsymbol{\beta}^{(n+1)}$，$n = n+1$，转至 Step 2.

2.3 在边坡稳定性预测的应用

2.3.1 问题背景

在矿山工程、水利水电工程和道路工程等方面，随着露天开采和工程建设的不断发展，人工高边坡规模越来越大，边坡坍塌和滑动破坏现象屡见不鲜，故边坡失稳预测研究具有重要意义[1]. 由于在地质环境和工程活动等多重因素的耦合作用下，边坡稳定性影响因素大多具有数据多变性、参数不确定性和数据不完备性等特点，边坡稳定性研究开始从确定性分析方法发展到不确定性分析方法. 随着数学与信息技术的迅猛发展，一些现代数学方法开始应用于边坡稳定性评价中，例如，支持向量机（赵洪波、陈祖云、饶运章、姚玮德等）、神经

网络（冯夏庭、陈昌彦、薛新华等）、判别分析（蓝天助、彭建谋等）等. 这些方法一般是给出边坡是否失稳的确定性预测，由于实际情况的复杂性，给出边坡的失稳概率更为科学. 而边坡样本数据的二值 Logistic 回归可以通过对数据建模，给出待判边坡的失稳概率，从而更好地帮助决策者做出科学决策.

当边坡失稳物理机理非常复杂，力学分析难以精确计算时，利用边坡失稳的历史经验数据建立数学模型，得到统计规律性是一种可行的研究方法. 回归分析是讨论变量间关系最常用的方法，这里要讨论边坡的 6 个变量 [岩石重度（x_1）、黏聚力（x_2）、内摩擦角（x_3）、边坡角（x_4）、边坡高度（x_5）、孔隙水压力（x_6）] 与边坡状态 Y 的关系，这里前 6 个变量为数值变量，可作为模型的自变量，边坡状态 Y 是名义变量，不妨令 $Y=1$ 表示边坡失稳，$Y=0$ 表示边坡稳定，于是得到多元回归分析模型 $Y=f(x)+\varepsilon$，其中 $x=(x_1,x_2,\cdots,x_6)^{\mathrm{T}}$，$\varepsilon$ 为随机变量. 由于因变量 Y 的取值只有两个状态：失稳（$Y=1$）和稳定（$Y=0$），因此直接寻找因变量 Y 和自变量 x 的关系非常困难. 于是利用转化思想，不去直接分析 Y 和 x 的关系，而是分析条件概率 $P\{Y=1|x\}$ 和 x 的关系，这等价于基于数据寻找一个取值在 0 到 1 之间的最优拟合函数 $p(x)=P\{Y=1|x\}$.

2.3.2　Logistic 回归模型在边坡失稳预测中的应用

根据前面 Logistic 回归模型的基本思想，选取罗战友等论文中的 39 个已知明确结果的边坡实例作为研究对象，以前 32 个边坡样本作为训练样本（见表 2-1），其中 14 个破坏样本，18 个稳定样本. 选取岩石重度（$\mathrm{kN/m^3}$）（x_1）、黏聚力（kPa）（x_2）、内摩擦角（x_3）、边坡角（x_4）、边坡高度（x_5）、孔隙水压力（kPa）（x_6）6 个影响因素作为 Logistic 模型的自变量，令 $Y=1$ 表示边坡失稳，$Y=0$ 表示边坡稳定.

由于算法比较成熟，MATLAB 自带了相关程序可直接求解（田应福）. 利用上面的算法编写程序或直接用 MATLAB 自带的 glmfit 命令可求得回归模型为

$$P\{Y=1|x\}=\frac{\exp(5.441-0.275\,5\,x_1-0.000\,7x_2-0.089\,2x_3+0.063x_4+0.001x_5+3.850\,1x_6)}{1+\exp(5.441-0.275\,5x_1-0.000\,7x_2-0.089\,2x_3+0.063x_4+0.001x_5+3.850\,1x_6)}$$

$$(2-9)$$

$$P\{Y=0|x\}=1-P\{Y=1|x\}.$$

利用拟合模型和数据可以预测破坏概率.

表 2-1　边坡稳定性预测样本数据及计算结果

序号	x_1	x_2	x_3	x_4	x_5	x_6	实际状态 Y	预测破坏概率
1	20.41	33.52	11	16	45.7	0.2	1	0.653 5
2	18.84	0	20	20	7.62	0.45	1	0.812 4
3	21.43	0	20	20	61	0.5	1	0.730 3
4	19.06	11.71	28	35	21	0.11	1	0.582 2

续表

序号	x_1	x_2	x_3	x_4	x_5	x_6	实际状态 Y	预测破坏概率
5	18.84	14.3	25	20	30.5	0.45	1	0.737 3
6	21.51	6.94	30	31	76.8	0.38	1	0.580 0
7	14	11.97	26	30	88	0.45	1	0.950 8
8	18	24	30.1	45	20	0.12	1	0.749 3
9	23	0	20	20	100	0.3	1	0.457 8
10	22.4	10	35	45	10	0.4	1	0.628 1
11	20	20	36	45	50	0.5	1	0.819 4
12	27	40	35	43	420	0.25	1	0.254 4
13	27	32	33	42	301	0.25	1	0.255 7
14	31.3	68	37	49	200	0.25	1	0.091 9
15	31.3	68	37	46	366	0.25	0	0.089 4
16	31.3	68	37	47	305	0.25	0	0.089 8
17	20.41	24.9	13	22	10.6	0.35	0	0.799 6
18	18.84	15.3	30	25	10.6	0.38	0	0.648 3
19	22.4	100	45	45	15	0.25	0	0.268 2
20	24	0	40	33	8	0.3	0	0.182 7
21	20	0	20	20	8	0.35	0	0.681 7
22	27	50	40	42	407	0.25	0	0.167 5
23	27	35	35	42	359	0.25	0	0.232 7
24	27	37.5	35	38	320	0.25	0	0.184 8
25	27	32	33	42	289	0.25	0	0.253 6
26	27	14	31	41	110	0.25	0	0.245 5
27	27	31.5	29.7	41	135	0.25	0	0.269 8
28	27	16.8	28	50	90.5	0.25	0	0.423 3
29	27	26	31	50	92	0.25	0	0.358 5
30	27	10	39	41	511	0.25	0	0.190 0
31	27	10	39	40	470	0.25	0	0.174 8
32	25	46	35	47	443	0.25	0	0.436 6
33*	20	20	36	45	50	0.25	1	0.634 1

序号	x_1	x_2	x_3	x_4	x_5	x_6	实际状态 Y	预测破坏概率
34*	19.63	11.97	20	22	21.9	0.4	1	0.766 2
35*	21.82	8.62	32	28	12.8	0.49	1	0.557 6
36*	25	55	36	45	299	0.25	0	0.351 2
37*	27.3	10	39	40	480	0.25	0	0.164 5
38*	25	46	35	46	393	0.25	0	0.409 6
39*	25	48	40	49	330	0.25	0	0.335 3

注：带*号样本表示预测样本.

为检验模型的有效性，使用罗战友等论文中提供的后 7 个边坡工程为例进行预测和比较，其结果亦列入表 2-1（带*号的样本）中. 可以看出失稳的边坡数据输入后预测破坏概率均大于 0.5，稳定的边坡预测破坏概率均小于 0.5，最后 7 个样本预测结果全部正确，预测准确度达到 100%，模型的泛化能力较强. 因此，Logistic 回归模型在边坡稳定性预测中准确度较高，具有重要的参考价值.

2.3.3　实现程序

```
clear, clc, close all
%编号    重力 gamma/kN\cdotm^{-3}    黏聚力 c/kPa    内摩擦角\varphi(^\circle)
边坡角\psi(^\circle)    坡高 H/m    孔隙水压力比\mu    稳定状态
bpsj = [1    20.41    33.52    11    16    45.7    0.2    1    %1—失稳，0—稳定
        2    18.84    0    20    20    7.62    0.45    1
        3    21.43    0    20    20    61    0.5    1
        4    19.06    11.71    28    35    21    0.11    1
        5    18.84    14.3    25    20    30.5    0.45    1
        6    21.51    6.94    30    31    76.8    0.38    1
        7    14    11.97    26    30    88    0.45    1
        8    18    24    30.1    45    20    0.12    1
        9    23    0    20    20    100    0.3    1
        10    22.4    10    35    45    10    0.4    1
        11    20    20    36    45    50    0.5    1
        12    27    40    35    43    420    0.25    1
        13    27    32    33    42    301    0.25    1
        14    31.3    68    37    49    200    0.25    1
        15    31.3    68    37    46    366    0.25    0
```

16	31.3	68	37	47	305	0.25	0
17	20.41	24.9	13	22	10.6	0.35	0
18	18.84	15.3	30	25	10.6	0.38	0
19	22.4	100	45	45	15	0.25	0
20	24	0	40	33	8	0.3	0
21	20	0	20	20	8	0.35	0
22	27	50	40	42	407	0.25	0
23	27	35	35	42	359	0.25	0
24	27	37.5	35	38	320	0.25	0
25	27	32	33	42	289	0.25	0
26	27	14	31	41	110	0.25	0
27	27	31.5	29.7	41	135	0.25	0
28	27	16.8	28	50	90.5	0.25	0
29	27	26	31	50	92	0.25	0
30	27	10	39	41	511	0.25	0
31	27	10	39	40	470	0.25	0
32	25	46	35	47	443	0.25	0];

```
X = bpsj(:, 2:7); y = bpsj(:, 8);
n = length(y);
[theta, dev, stats] = glmfit(X, y,'binomial', 'link', 'logit') % 自带函数
yp = exp([ones(n, 1) X]*theta)./(1+exp([ones(n, 1) X]*theta))
(y - yp)'*(y - yp)


%%% 待判样本
X0 = [20 20 36 45 50 0.25;...
   19.63 11.97 20 22 21.9 0.40;
   21.82 8.62 32 28 12.8 0.49;
   25 55 36 45 299 0.25;
   27.3 10 39 40 480 0.25;
   25 46 35 46 393 0.25;
   25 48 40 49 330 0.25;
   18.54 40 18 25.4 36 0.15;
19.12 35 24 32.3 28 0.17];
y0 = [1 1 1 0 0 0 0 1 0]'; n1 = length(y0);
y1 = exp([ones(n1, 1) X0]*theta)./(1+exp([ones(n1, 1) X0]*theta))
%Y0 = exp([ones(n, 1) X]*theta)./(1+exp([ones(n, 1) X]*theta))
%%%%%%%%%%%%
```

```
GM= fitglm(X, y,'Distribution','binomial');
Y1 = predict(GM, X0)
```

2.3.4　讨论

预测边坡稳定性是一个非常重要而复杂的问题，许多学者利用多种模型和因素进行预测，取得了一定的效果. 本章使用 Logistic 回归模型进行研究，试图在统计意义下借助该模型来揭示问题中多种因素对边坡失稳概率的影响，介绍了 Logistic 回归模型的原理、算法和工程实际使用测试结果. 研究表明，Logistic 回归模型方法简便可行，预测准确度高，对边坡稳定性预测具有很好的预测效果，可以在实际工程中作为决策参考.

拓展思考

本章重点讨论的是二分类模型的学习与预测，其实对于更多分类，也有相应的多项 Logistic 回归分析. 与普通的回归分析相比，本章的因变量是分类变量，不一定是具体数值，在二分类模型中，可以选择为 0 和 1，有时也选为 1 和 −1，当然这时的具体回归模型参数可能变化，但在预测概率上，应该是一致的.

针对分类问题的学习和预测，还有许多其他的数学模型可以使用，如判别分析、支持向量机（SVM）和各种神经网络学习模型，都可以用来解决类似的问题. 一般情况下，神经网络模型预测的结果更加准确，但解释性不如回归模型. 可以根据需要和自己熟悉的建模工具处理类似的问题.

本章参考文献

[1] 赵洪波，冯夏庭. 支持向量机函数拟合在边坡稳定性估计中的应用[J]. 岩石力学与工程学报，2003（2）：241−245.

[2] 陈祖云，张桂珍，邬长福，等. 基于支持向量机的边坡稳定性预测研究[J]. 中国安全生产科学技术，2009，5（4）：101−105.

[3] 饶运章，黄永刚，张永胜. 支持向量机在边坡稳定性预测中的应用[J]. 工业安全与环保，2016，42（7）：37−39.

[4] 姚玮，温树杰. 随机森林模型在边坡稳定性预测中的应用[J]. 矿业研究与开发，2017，37（4）：58−61.

[5] 冯夏庭，王泳嘉，卢世宗. 边坡稳定性的神经网络估计[J]. 工程地质学报，1995，3（4）：54−61.

[6] 陈昌彦，王思敬，沈小克. 边坡岩体稳定性的人工神经网络预测模型[J]. 岩土工程学报，2001，23（2）：157−161.

[7] 薛新华，姚晓东. 边坡稳定性预测的模糊神经网络模型[J]. 工程地质学报，2007（1）：77−82.

[8] 蓝天助，林彤，袁畅，等. Bayes 与 Fisher 判别在边坡稳定性中的应用[J]. 路基工程，2018（2）：61-66.

[9] 彭建谋，吴会军，陈娟玲，等. 基于 R 语言的边坡稳定性预测模型优选研究[J]. 矿业研究与开发，2018，38（6）：35-39.

[10] 王佳，丁洁丽. Logistic 回归模型中参数极大似然估计的二次下界算法及其应用[J]. 数学杂志，2015，35（6）：1521-1532.

[11] 罗战友，杨晓军，龚晓南. 基于支持向量机的边坡稳定性预测模型[J]. 岩石力学与工程学报，2005，24（1）：144-148.

[12] 田应福. 基于 Matlab 的广义线性模型建模[J]. 黔东南民族师范专科学校学报，2006，24（6）：1-3.

第3章 地震反应谱标定的数学模型和方法

3.1 研 究 现 状

3.1.1 研究地震反应谱的意义

地震反应谱表示的是在一定的地震运动下结构的最大反应，是结构进行抗震分析与设计的重要工具. 由于同一结构在遭遇不同的地震作用时的反应并不相同，单独一个地震记录的反应谱不能用于结构设计. 但是地震记录的反应谱又有一定的相似性，可以将具有普遍特性记录的反应谱进行平均和平滑处理，以用于抗震设计. 现在，地震反应谱不但是工程抗震学中最重要的概念之一，还是整个地震工程学中最重要的概念之一.

3.1.2 标定地震加速度反应谱的方法

设计反应谱是地震反应谱平均平滑标准化之后的曲线表达，是抗震设防的重要依据. 设计反应谱的标定是根据规定的形式给出反应谱特征参数的过程，在数学上可归结为非线性连续分段函数的曲线拟合问题，需要根据反应谱数据确定非线性连续分段函数中的多个参数. 目前常用的标定方法有 Newmark 三参数法、双参数法、遗传算法、最小二乘法、模拟退火算法、差分进化算法等[1-8]. 目前普遍采用误差最小原则对加速度反应谱进行标定，以自动搜索方式提取标定参数 T_0、T_g、β_{max} 和 γ. 在实际的工程应用中，标定方法的合理性直接影响建筑结构的安全性和经济性.

3.2 数 学 模 型

我国 2016 版建筑规范中设计反应谱的标准形式是以地震影响系数曲线 α 规定的，结构的抗震设计通常采用动力放大系数谱 β，地震影响系数曲线 α 和动力放大系数谱 β 的关系为 $\alpha = k \cdot \beta$（k 为地震系数）. 这里采用动力放大系数谱来表示设计反应谱，标定模型为三段式：$0 \to T_0$ 为直线上升段，$T_0 \to T_g$ 为平台段，$T_g \to T_m$ 为指数下降段，其标定的公式为：

$$\beta(T) = \begin{cases} 1 + \dfrac{\beta_{\max} - 1}{T_0}T, & 0 \leqslant T \leqslant T_0, \\ \beta_{\max}, & T_0 < T \leqslant T_g, \\ \beta_{\max}\left(\dfrac{T_g}{T}\right)^{\gamma}, & T_g < T \leqslant T_m. \end{cases} \quad (3-1)$$

式（3-1）对应的曲线如图 3-1 所示.

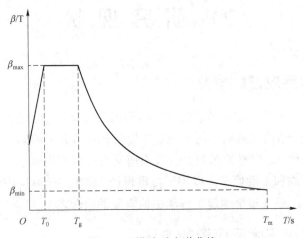

图 3-1   设计反应谱曲线

式（3-1）中有 4 个参数：T 为结构自振周期，T_g 为特征周期，与场地条件和设计地震分组有关，$\beta_{\max}$ 为平台值，γ 为衰减指数. 这 4 个参数 T_0、T_g、$\beta_{\max}$、γ 控制设计反应谱的基本形状，其中 T_0、T_g、$\beta_{\max}$ 对中高频段的设计反应谱形状起关键作用，衰减指数 γ 在设计反应谱曲线下降段起重要作用. 因此，设计反应谱标定的实质就是寻找一组参数，能够使地震反应谱与拟合后的设计反应谱误差最小，误差最小值所对应的 T_0、T_g、$\beta_{\max}$、γ 即为最优参数. 同一地震加速度记录不同的标定方法统计出来的特征参数不尽相同，因此需要一个目标函数评判算法的好坏. 这一目标函数是标定后的设计反应谱与实际的反应谱的标准差，即

$$Q = \left\{ \frac{1}{T_m} \int_0^{T_m} [\beta'(T) - \beta(T)]^2 \mathrm{d}T \right\}^{\frac{1}{2}} \quad (3-2)$$

式中： $\beta'(T)$ ——实际的地震反应谱；

$\beta(T)$ ——标定后的反应谱.

3.3 地震反应谱标定方法的 MATLAB 实现

3.3.1 标定函数和目标函数

标定函数（3−1）是一个分段函数，因此首先建立这个分段函数模型. 可以编写对应分段函数文件供调用或利用在线的匿名函数. 这里采用更加方便的匿名函数，可在命令窗口编写脚本代码如下：

```
bt = @(t, x)(1+(x(2)-1)/x(1)*t).*(0<=t&t<=x(1))+x(2).*(x(1)<t&t<=x(3))+x(2)*
(x(3)./t).^x(4).*(x(3)<t);  % T0 = x(1);bmax = x(2); Tg = x(3); gamma = x(4);
```

其中 T_0、b_{max}、T_g、γ 分别对应函数变量 x 的 4 个分量.

为检验程序是否正确，可先给定 1 个合理初值，绘出图形（见图 3−2），看是否与图 3−1 一致.

```
x0 = [0.1, 2, 2, 1.2]; t0 = 0.02:0.02:6; f = bt(t0, x0); plot(t0, f) %测试用
```

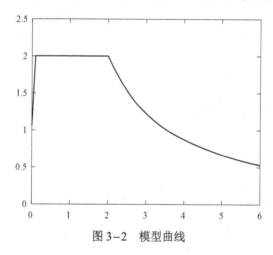

图 3−2　模型曲线

测试通过后，为使用优化方法反演模型参数，需要事先建立待优化的目标函数，代码如下：

```
% 待优化的目标函数，其中 a 为加速度反应谱向量
dt = 0.02;t0 = dt:dt:6; % 参数 T 的研究范围
fitness = @(x)sum(abs(a - bt(t0, x))); %待优化的目标函数
```

3.3.2 标定地震加速度反应谱的几种算法

待优化的目标函数理论上一般没有解析解，只能采用数值优化方法求解，常用的多元连续函数优化算法都可以得到满意解，如使用梯度信息的梯度下降法、Gauss-Newton 迭代法和 BFGS 等算法，不用梯度信息的 Nelder-Mead 单纯形算法、智能优化算法（遗传算法、粒子群算法等）. 一般地，使用梯度信息的算法收敛较快，不使用梯度信息的算法收敛较慢，

但是适用范围更广泛，而且可以采用并行策略克服收敛慢的问题. 现在计算机功能很强大，求解这类问题时由于变量少，几乎看不出显著差异，本节主要讨论不使用梯度信息的几种常用算法在 MATLAB 中的实现.

第一种算法是改进的约束 Nelder-Mead 单纯形算法，John D'Errico 编写了 MATLAB 函数 fminsearchbnd[15]. 这是一种从单点出发的无梯度优化算法，收敛速度较快，精度较高.

```
LB = [0.02, 0.15 0.6, 0.2]; UB = [0.21, 3.5, 4, 2]; % 根据经验确定参数范围
[x, fval] = fminsearchbnd(fitness, x0, LB, UB);     % 反演参数
hold on
plot(t0, bt(t0, x),'linewidth', 1.5)                          % 绘图
title('Taft 地震绝对加速度反应谱和标定谱')
legend(['\zeta = ', num2str(d),'时加速度反应谱'],'标定谱');grid on
hold off; grid off
disp(['拟合参数为 T0 = ', num2str(x(1)),', bmax = ', num2str(x(2)),', Tg = ',
num2str(x(3)),', gamma = ', num2str(x(4))]); %显示结果（见图 3-3）
```

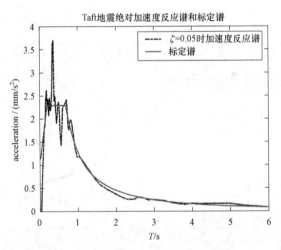

图 3-3　加速度反应谱及其标定曲线

用其他随机优化方法可得到类似结果. 下面给出 MATLAB 中自带的随机优化算法、遗传算法、粒子群算法和模拟退火算法求解的代码：

```
% 随机优化算法
nvars = 4;
% 遗传算法
options = optimoptions('ga','MutationFcn',@mutationadaptfeasible);
[x, fval] = ga(fitness, nvars,[],[],[],[], LB, UB,[], options)
% 粒子群算法
[x, fval, exitflag] = particleswarm(fitness, nvars, LB, UB)
% 模拟退火算法
```

```
[x, fval] = simulannealbnd(fitness, x0, LB, UB)
```
各种算法的计算结果比较接近.

3.4 反应谱标定的改进

3.4.1 其他模型

通过上文可以看出，在最开始的直线段拟合差距较大（参见图 3–1），这是由于按建筑抗震设计规范（以下简称《规范》）（GB 50011—2010）的约定，默认直线段过点 $(1, 0)$，从图 3–1 上看，显然是有偏差的. 第二段用直线段拟合（也是《规范》的约定）虽然有些粗暴，但由于波动太大，也算是一种不得已的近似，改为抛物线试一下[16]. 第三段用幂函数描述衰减，看起来比较合理，不再修改.

把中间水平段的最低点记为 β_0，即中间左端点坐标为 (T_0, β_0)，右端点坐标为 (T_g, β_0)，若用最简单的抛物线可表示为 $\beta(t) = \beta_0 + a(T - T_0)(T - T_g), T_0 < T \leqslant T_g$，其中 a 决定抛物线的开口和高低；

最左端的直线段方程改为 $\beta(t) = \beta_0 + k_1(T - T_0), 0 \leqslant T \leqslant T_0$，其中 k_1 决定直线的斜率；

最右端不变，仍为 $\beta(t) = \beta_0 \left(\dfrac{T_g}{T} \right)^\gamma$，$T_g < T \leqslant T_m$.

综合整理如下：

$$\beta(t) = \begin{cases} \beta_0 + k_1(T - T_0), \ 0 \leqslant T \leqslant T_0, \\ \beta_0 + a(T - T_0)(T - T_g), T_0 < T \leqslant T_g, \\ \beta_0 \left(\dfrac{T_g}{T} \right)^\gamma, T_g < T \leqslant T_m. \end{cases} \tag{3–3}$$

3.4.2 程序实现和结果

```
% 模型 2  起始段直线拟合，平台段改为抛物线
% b0 = x(1); k1 = x(2); T0 = x(3); a = x(4); Tg = x(5); gamma = x(6);
bt2 = @(t, x)(x(1)+x(2)*(t-x(3))).*(0<=t&t<=x(3))+(x(1)+x(4)*(t-x(3))).*
(t-x(5))).*(x(3)<t&t<=x(5))+x(1)*(x(5)./t).^x(6).*(x(5)<t);
%x0 = [2, 5, 0.2,-0.2, 1.5, 1.1]; % 初值
%t0 = t(1:300);f = bt(t0, x0); plot(t0, f) %测试用
% 待优化的目标函数
% acc 为加速度,
t0 = dt:dt:6;
fitfun2 = @(x)sum(abs(acc - bt2(t0, x))); %待优化的目标函数,
```

```
nvars2 = 6; Lb = [1, 2, 0.03, -5, 0.6, 0.4];Ub = [2, 20, 0.15, 0, 2, 2];
% 粒子群算法
[x2, fval2, exitflag] = particleswarm(fitfun2, nvars2, Lb, Ub)
hold on
plot(t0, bt2(t0, x2),'r-.','linewidth', 1.5)
title('Taft 地震绝对加速度反应谱和标定谱')
legend(['\zeta = ', num2str(d),'时加速度反应谱'],'标定谱','新反应谱');grid on;
axis([0, 6, 0, 4]);hold off
disp(['拟合参数为 beta_0 = ', num2str(x2(1)),', k1 = ', num2str(x2(2)),', T0
= ',...
num2str(x2(3)),', a = ', num2str(x2(4)),', Tg = ', num2str(x2(5)),', gamma
= ', num2str(x2(6))]);
```

加速度反应谱及其标定的改进曲线如图 3-4 所示.

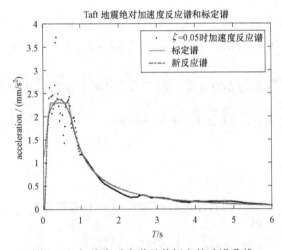

图 3-4　加速度反应谱及其标定的改进曲线

　　本章给出的反应谱标定方法在工程抗震理论中具有重要意义，在数学上可归结为一个分段函数的非线性拟合问题. 这里给出了算法的 MATLAB 实现，供使用这种方法的相关科研人员参考.

3.5　反应谱标定方法的工程应用

　　场地相关反应谱是指在工程场地地震安全性评价中，通过地震危险性概率分析、人工合成地震动时程和场地土层地震反应分析等环节给出的反应谱. 目前场地相关反应谱的标定不够统一，对场地相关反应谱的标定方法也没有明确的规定. 本节以宁夏回族自治区某县花园小区的工程场地为实例，利用 Nelder-Mead 单纯形算法标定场地相关反应谱，并将标定结果和安评报告中给出的参数进行对比，验证了 Nelder-Mead 单纯形算法标定设计反应谱的适宜性和优越性.

3.5.1　工程场地相关谱的确定

依据《工程场地地震安全性评价》（GB 17741—2005）的规定，工程场地相关谱的确定过程，可分为以下 3 个部分.

1. 场地地震危险性概率分析

地震危险性概率分析是指：所考虑的场地在工程有效使用期内可能遭受超过预先给定地震动强度的概率. 地震危险性分析的工作内容有：划分潜在震源区、确定地震活动性参数和地震动（包括地震烈度、峰值加速度等）衰减关系式等. 利用所确定的适合本区的地震动衰减关系，以地震危险性的概率分析方法，进行场地的地震危险性分析计算. 计算 50 年或 100 年超越概率 63%、10%、2% 的基岩地震动水平向峰值加速度和场址基岩地震动水平加速度反应谱.

2. 人工合成地震动时程

以由地震危险性分析给出的不同超越概率下的基岩峰值加速度和加速度反应谱为目标，用数值模拟的方法利用所给参数合成地震动时程. 考虑到相位随机性的影响，对每一概率水平情况都分别合成三个不同相位的基岩地震动样本时程.

3. 场地土层地震反应分析

根据场地工程地质条件资料，确定场地地震反应分析模型，以此计算工程场地土层对地震动的影响，得出不同超越概率下地表场地相关反应谱. 考虑到计算输入地震动的 3 个随机样本时程的差异可能对场地相关反应谱值产生影响，因此采用求平均反应谱值的方法计算出平均场地地震动相关反应谱. 之后选用适当的方法标定场地相关反应谱，得出不同超越概率水平下的设计反应谱，并给出相应的设计地震动参数.

3.5.2　工程实例

1. 工程概况

宁夏回族自治区某县花园小区拟建一商住楼，该项目工程场地设防基本烈度为Ⅷ度，场区内土层可不考虑软土震陷问题. 根据工程场地剪切波速测试结果，确定本工程场地土层平均等效剪切波速为 V_{se}=316.3 m/s，覆盖层厚度（V_s≥500 m/s）为 12.9～13.4 m. 本工程场地土类型属中硬土类型，场地类别为Ⅱ类.

2. 标定结果对比分析

工程场地地震安全性评价报告中不同超越概率水平下对应的基岩人工合成地震动时程包络函数参数见表 3−1. 通过计算得出的地表加速度时程曲线和放大系数谱如图 3−5～图 3−7；采用 Nelder-Mead 单纯形算法对平均加速度放大系数谱进行标定，图 3−8 为不同超越概率水平下标定后的最优参数值.

表 3−1　基岩人工合成地震动时程包络函数参数列表

超越概率	T_1/s	T_2/s	C
50 年超越概率 63%	2.91	6.14	0.21
50 年超越概率 10%	2.63	7.91	0.20
50 年超越概率 2%	2.23	8.30	0.19

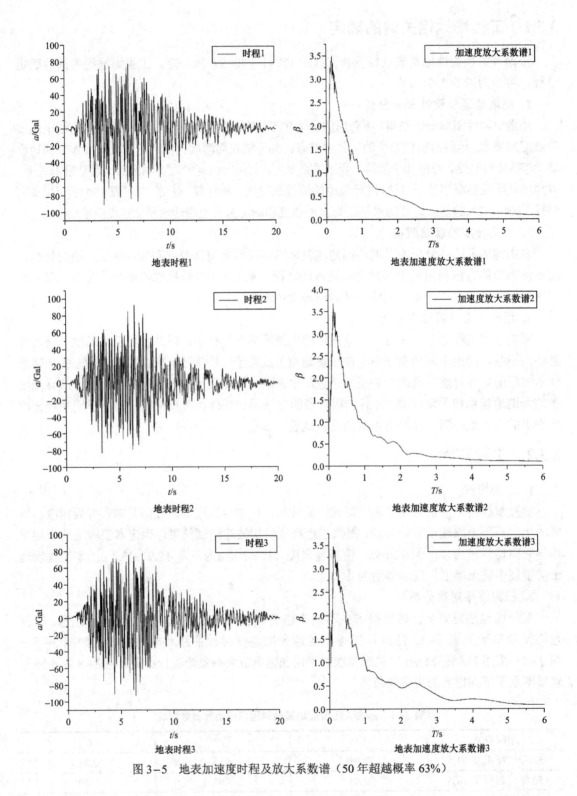

图 3-5 地表加速度时程及放大系数谱（50 年超越概率 63%）

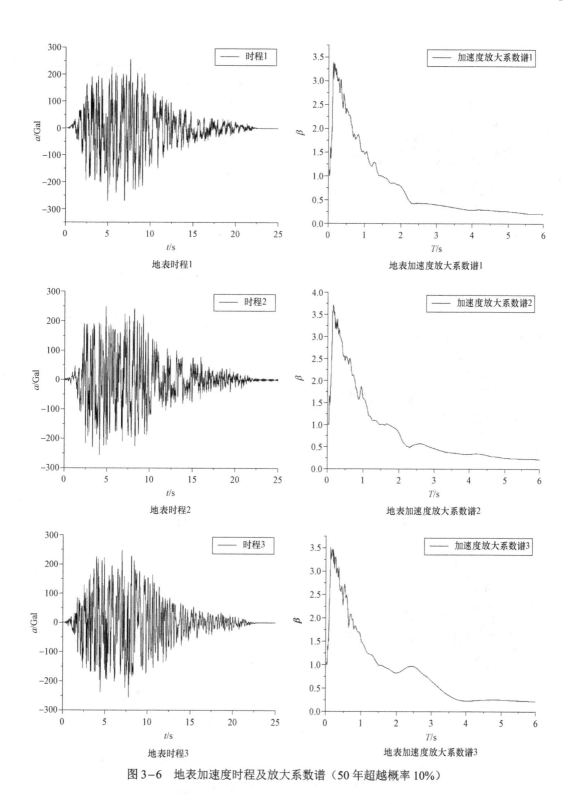

图 3-6　地表加速度时程及放大系数谱（50 年超越概率 10%）

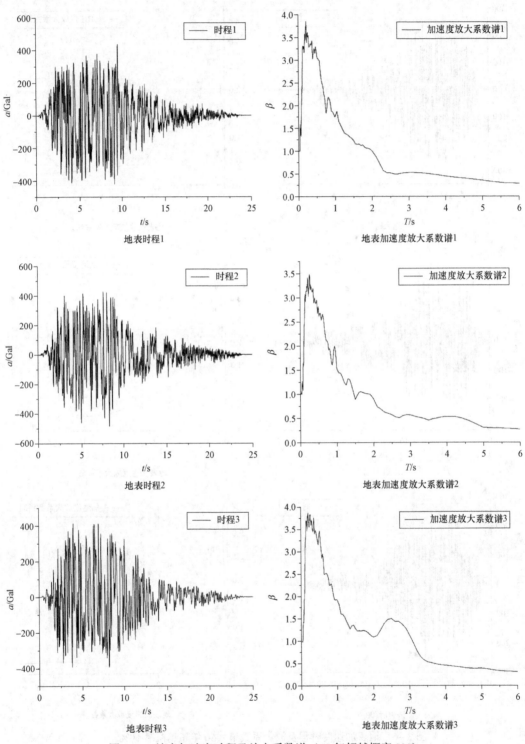

图 3-7 地表加速度时程及放大系数谱（50 年超越概率 2%）

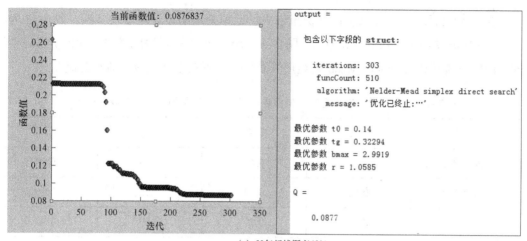

(a) 50年超越概率63%

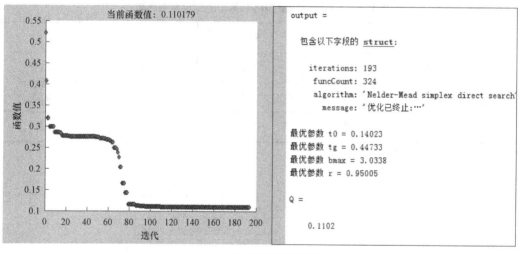

(b) 50年超越概率10%

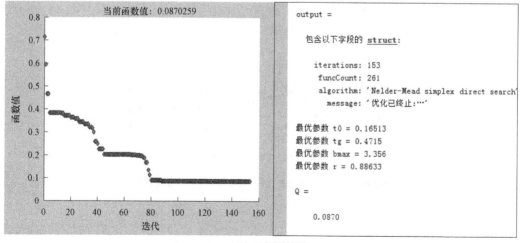

(c) 50年超越概率2%

图 3-8　基于 Nelder-Mead 单纯形算法标定最优参数值（50 年不同超越概率）

表 3-2 为工程场地地震安全性评价报告中场地相关谱的设计地震动参数，表 3-3 为利用 Nelder-Mead 单纯形算法的标定参数. 图 3-9 为该项目工程场地地震安全性评价报告中给出的设计反应谱及利用 Nelder-Mead 单纯形算法标定得到的设计反应谱曲线对比图.

表 3-2　工程场地地震安全性评价报告中场地相关谱的设计地震动参数列表

超越概率	T_1/s	T_g/s	$\beta_{\max}$	γ
50 年超越概率 63%	0.10	0.41	2.50	0.90
50 年超越概率 10%	0.10	0.49	2.55	0.90
50 年超越概率 2%	0.10	0.55	2.60	0.90

表 3-3　Nelder-Mead 单纯形算法的标定参数列表

超越概率	T_1/s	T_g/s	$\beta_{\max}$	γ
50 年超越概率 63%	0.14	0.32	2.99	1.06
50 年超越概率 10%	0.14	0.45	3.03	0.95
50 年超越概率 2%	0.17	0.47	3.36	0.89

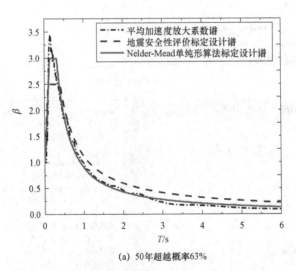

(a) 50 年超越概率 63%

图 3-9　设计谱曲线对比图（50 年不同超越概率）

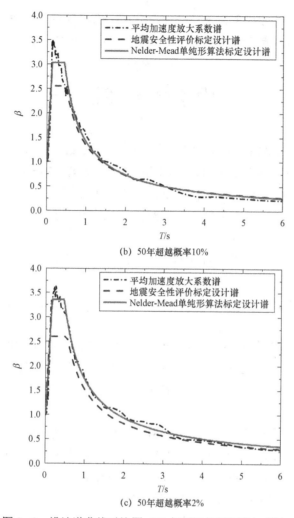

(b) 50年超越概率10%

(c) 50年超越概率2%

图 3-9　设计谱曲线对比图（50 年不同超越概率）（续）

由表 3-2～表 3-3 及图 3-9 可以看出，基于 Nelder-Mead 单纯形算法标定的设计反应谱的第一拐点周期和平台值普遍要比工程场地安评报告所规定的要大一些，第一拐点周期要相对延长 0.05 s，平台值要相对提高 0.60 左右．从图 3-9 可以明显看出本章提出的方法标定出来的平台值更加接近实际反应谱的峰值．在曲线下降段，该算法标定的特征周期值略小于安评报告的规定值，衰减指数大于等于安评报告的规定值，可见，安评报告规定的衰减指数略偏于保守．整体上，利用 Nelder-Mead 单纯形算法标定的不同超越概率水平下的设计反应谱要更加接近实际的反应谱．

拓展思考

反应谱的标定问题是地震工程中的一个重要基本问题，但笔者目前尚未发现有专门的软件对这类问题进行处理．从数学上看，标定反应谱本质上是对反应谱数据进行非线性连续分段函数拟合，是一个特殊的非线性拟合问题．根据需要，可以修改为不同的非线性模型，也可以用不同的优化方法进行拟合，还可以讨论用非线性回归的方法给出参数的置信区间. 借鉴本部分内容，可以编制专门的计算小软件，进行反应谱标定.

本章参考文献

[1] NEWMARK N M, HALL W J. Seismic design criteria for nuclear reactor facilities[C] //Proceedings of the 4th WCEE.Santiago, Chile, 1969, Ⅱ(4): 37−50.

[2] 廖振鹏. 地震小区划：理论与实践[M]. 北京：地震出版社，1989.

[3] 成小平，胡聿贤，吕红山. 自动提取反应谱特征参数的人工神经网络方法[J]. 地震工程与工程振动，1999，19（4）：1−5.

[4] 夏江，陈清军. 基于遗传算法的设计地震反应谱标定方法[J]. 力学季刊，2006，27（2）：317−322.

[5] 刘红帅. 基于小生境遗传算法的设计地震动反应谱标定方法[J]. 岩土工程学报，2009，31（6）：975−979.

[6] 郭晓云. 汶川地震反应谱研究[D]. 哈尔滨：中国地震局工程力学研究所，2011.

[7] 谭启迪. 场地地震相关反应谱标定方法的研究[D]. 防灾科技学院，2016.

[8] 赵培培. 设计反应谱拟合方法研究及特征参数统计[D]. 哈尔滨：中国地震局工程力学研究所，2017.

[9] 大崎顺彦. 地震动的谱分析入门：第2版[M]. 田琪，译. 北京：地震出版社，2008：100−134.

[10] 谢礼立，于双久. 强震观测与分析原理[M]. 北京：地震出版社.1982：6−10.

[11] BIOT M A. Transient oscillations in elastic system[D]. Pasadena：Department of Aeronautics，Calif. Inst. of Tech.，Pasadena，California. 1932.

[12] HOUSNER G W. An investigation of the effects of earthquakes on buildings [D]. Pasadena：Civil engineering department，Calif. Inst. of Tech.，Pasadena，California，1941.

[13] 刘恢先. 论地震力[J]. 土木工程学报，1958（2）：86−106.

[14] 牛洁，薄景山，郭晓云，等. 设计反应谱特征参数影响因素的研究现状[J]. 防灾科技学院学报，2020，22（3）：1−9.

[15] 牛洁，薄景山，王福昌，等. 基于 Nelder-Mead 单纯形算法的设计反应谱标定方法[J]. 地震工程与工程振动，2021，41（5）：165−175.

[16] 李雪玉，薄景山，王福昌，等. 基于带压缩因子粒子群算法标定设计反应谱[J]. 地震工程与工程振动，2021，41（2）：175−180.

第4章 广义极值分布在地震危险性分析中的应用

极值理论是概率论中的一个重要分支，也是统计预报地震的重要方法之一. Nordquist 最早将 Gumbel 极值分布应用于地震统计，其后，许多国内外学者应用和发展了 Gumbel 理论，使其在地震预报、地震危险性分析、工程地震安全性评价及地震区划等诸多地震领域都有重要应用（Epstein、Lomnitz、Yegulalp、Kuo、Huillet、Raynaud、高孟潭、贾素娟、鄂家全、）. 考虑到震级应有上限，陈培善、林邦慧给出了极值分布的修正式，并对我国 14 个地震带做了内符检验和预测. 陈虹、黄忠贤通过将极值分布线性组合成混合极值分布研究了中国内陆和东南沿海各震区的地震危险性，在一定程度上弥补了在震级较大区间内 I 型极值相对观测值偏高而III型相对观测值偏低的缺点. 由于地震活动的复杂性，各地区地震震级分布存在很大的差异，在我国各多震区，各种极值类型分布有不同的适用性（秦卫平、张卫东、李茂林、张秀梅等）. 因此在实际应用过程中，对模型的选择就显得非常重要，如果模型分布簇选择不当，可能会带来严重偏差. 广义极值分布可以统一 3 种类型极值渐近分布（de Haan、Ferreira），本章基于广义极值分布讨论地震危险性分析，给出了几种与地震预报有关的公式和预报方法，并以台湾地区和东昆仑断裂带及周边区域的震级资料为基础，分析了未来不同年份的地震危险性.

4.1 极值理论与方法

4.1.1 极值模型

设 $X_1, X_2, \cdots, X_n$ 是独立同分布的随机变量列，有共同的分布函数 $F(x)$（以下简记为 F），记 $M_n = \max\{X_1, X_2, \cdots, X_n\}$，若存在 $\{a_n > 0, b_n \in \mathbf{R}\}$ 和非退化分布函数 $G(x)$（以下简记为 G），使

$$\frac{M_n - b_n}{a_n} \xrightarrow{d} G \ (n \to \infty) \tag{4-1}$$

则称 G 为极值分布，并称 F 属于 G 的吸引场，记作 $F \in D(G)$. Fisher 和 Tippett 证明了极值分布的三大类型定理，指出 G 必属于下列 3 种类型之一：

$\text{I.}\quad$ Gumbel: $\qquad \Lambda(x) = \mathrm{e}^{-\mathrm{e}^{-\frac{x-\mu}{\sigma}}}, x \in \mathrm{R}, \sigma > 0,$

$\text{II.}\quad$ Fréchet: $\qquad \Phi_\alpha(x) = \begin{cases} 0, & x \le \mu, \\ \mathrm{e}^{-(\frac{x-\mu}{\sigma})^{-\alpha}}, & x > \mu, \end{cases} \quad \sigma > 0, \alpha > 0,$ $\qquad$ (4-2)

$\text{III.}\quad$ Weibull: $\qquad \Psi_\alpha(x) = \begin{cases} \mathrm{e}^{-(-\frac{x-\mu}{\sigma})^{-\alpha}}, & x > \mu, \\ 1, & x \le \mu, \end{cases} \quad \sigma > 0, \alpha < 0.$

其中 μ 称为位置参数，σ 称为尺度参数，α 称为极值指标.

在实际问题中，如果知道地震震级分布的类型，并且能验证其是否满足极值分布吸引场条件（史道济），就可以确定相关问题的极值分布是何类型，但是通常只能获得观测数据，而其具有何种分布是难以确定的. 另外，即使知道分布类型，要验证其是否满足最大值吸引场条件也是一件不容易的事. 对于我国各多震地区，在以往应用极值理论分析地震危险性时往往单独采用 3 种分布中的一种，而忽视服从其分布的条件. 广义极值分布（GEV）包含了 Gumbel、Fréchet 及 Weibull 分布，是极值分布的统一形式，其分布函数为：

$$G_\xi(x) = \exp\left\{-\left(1 + \xi\frac{x-\mu}{\sigma}\right)^{-\frac{1}{\xi}}\right\}, 1 + \xi\frac{x-\mu}{\sigma} > 0, \sigma > 0, \xi \in \mathbf{R}, \mu \in \mathbf{R}, \qquad (4-3)$$

其中 μ 称为位置参数，σ 称为尺度参数，ξ 称为形状参数. 密度函数为 $f(x) = \frac{1}{\sigma}\left(1 + \xi\frac{x-\mu}{\sigma}\right)^{-(1+\frac{1}{\xi})} G_\xi(x)$. 当 $\xi > 0$ 时，令 $\xi = \frac{1}{\alpha}$ 对应极值 II 型分布，位置参数为 $\mu - \alpha\sigma$，尺度参数为 $\alpha\sigma$；当 $\xi < 0$ 时，$\xi = -\frac{1}{\alpha}$ 对应极值 III 型分布，位置参数为 $\mu + \alpha\sigma$，尺度参数为 $\alpha\sigma$；当 $\xi = 0$ 时对应 I 型分布，因为 $\lim\limits_{\xi \to 0} \exp\left\{-\left(1 + \xi\frac{x-\mu}{\sigma}\right)^{-\frac{1}{\xi}}\right\} = \mathrm{e}^{-\mathrm{e}^{-\frac{x-\mu}{\sigma}}}$.

此外，值得一提的是，国内在应用极值方法进行地震活动分析时，通常假定（陈培善、林邦慧、夏成明、姜先畤、张寅生等）：

（1）地震震级 x 和相应的发震频度 $n(x)$ 遵守古登堡-里希特（G-R）经验公式：

$$\ln n(x) = a - bx; \qquad (4-4)$$

（2）单位时间内发生大于某个震级的地震次数 η 服从泊松分布：

$$P(\eta = k) = \frac{\lambda^k}{k!}\mathrm{e}^{-\lambda}(\lambda > 0, k = 0, 1, 2, \cdots). \qquad (4-5)$$

在这两个假定下可以导出地震震级分布为指数分布 $F(x) = 1 - \mathrm{e}^{-\beta x}, x > 0, \beta = b\ln 10$；单位时间内最大地震震级分布为 Gumbel 分布 $G(x) = \mathrm{e}^{-\mathrm{e}^{-\beta(x-\mu)}}, \mu = \ln\lambda/\beta$. 这实际上与极值统计中得到的指数分布属于 Gumbel 分布吸引场的结果是一致的. 而事实上除了指数分布外，还有很多分布也属于 Gumbel 分布吸引场，更进一步，最大值的渐进分布若存在，则一定为广义极值分布，这从另一个侧面说明，在应用极值理论做统计分析时直接从 GEV 分布模型出发将具有更广泛的适用性.

4.1.2　广义极值模型的参数估计

在实践中极大似然估计是一种比较好的参数估计方法，对复杂模型更具适应性. 设 $x_1,\cdots,x_n$ 为来自 GEV 分布的样本观测值，则 GEV 分布的似然函数为

$$L(\mu,\sigma,\xi)=\prod_{i=1}^{n}f(x_i)=\begin{cases}\dfrac{1}{\sigma^n}\exp\left[-\sum_{i=1}^{n}\left(1+\xi\dfrac{x_i-\mu}{\sigma}\right)^{-\frac{1}{\xi}}\right]\prod_{i=1}^{n}\left(1+\xi\dfrac{x_i-\mu}{\sigma}\right)^{-\left(\frac{1}{\xi}+1\right)},\xi\ne0,1+\xi\dfrac{x_i-\mu}{\sigma}>0,\\[4mm]\dfrac{1}{\sigma^n}\exp\left(-\sum_{i=1}^{n}\dfrac{x_i-\mu}{\sigma}\right)\exp\left[-\sum_{i=1}^{n}\exp\left(-\dfrac{x_i-\mu}{\sigma}\right)\right],\xi=0.\end{cases}$$

$$(4-6)$$

对数似然函数为

$$\ln L(\mu,\sigma,\xi)=\begin{cases}-n\ln\sigma-\sum_{i=1}^{n}\left(1+\xi\dfrac{x_i-\mu}{\sigma}\right)^{-\frac{1}{\xi}}-\left(\dfrac{1}{\xi}+1\right)\sum_{i=1}^{n}\ln\left(1+\xi\dfrac{x_i-\mu}{\sigma}\right),\xi\ne0,1+\xi\dfrac{x_i-\mu}{\sigma}>0,\\[4mm]-n\ln\sigma-\sum_{i=1}^{n}\dfrac{x_i-\mu}{\sigma}-\sum_{i=1}^{n}\exp\left(-\dfrac{x_i-\mu}{\sigma}\right),\xi=0.\end{cases}$$

$$(4-7)$$

将式（4-7）关于参数 (μ,σ,ξ) 极大化得 GEV 分布的极大似然估计. 由于不存在解析解，可用数值优化算法得到数值解. 统计软件 R 和 MATLAB 中都有相关包和函数来完成.

4.1.3　广义极值模型的检验

基本的检验方法有直方图、P–P 图与 Q–Q 图、拟合优度的 χ^2 检验等. 鉴于高分位数估计在极值应用中的重要性，本节再介绍一种较为适用的重现水平图法（史道济）. GEV 分布的 p 分位数为

$$x_p=G_\xi^{-1}(x)=\inf\{x\in\mathrm{R}:G_\xi(x)\geqslant p\}=\begin{cases}\mu-\sigma\dfrac{[1-(-\ln p)^{-\xi}]}{\xi},\xi\ne0,\\[3mm]\mu-\sigma\ln(-\ln p),\xi=0.\end{cases}\qquad(4-8)$$

称 $\{(\ln(-\ln p),\hat{x}_p):0<p<1\}$ 为重现水平图，其中 $\hat{x}_p$ 是 x_p 的极大似然估计，其置信区间为 $\hat{x}_p\pm z_{1-\alpha/2}\sigma(\hat{x}_p)\left(\sigma=\sqrt{V(x)}\right)$，其中 $z_{1-\alpha/2}$ 为标准正态分布的 $1-\alpha/2$ 分位点. 当 $\xi=0$ 时为直线，当 $\xi<0$ 时为凸曲线，当 $\xi>0$ 时为凹曲线. 重现水平图可作为模型检验的诊断工具，设最大地震序列按次序统计量由小到大排列为 $X_{(n)}\leqslant X_{(n-1)}\leqslant\cdots\leqslant X_{(2)}\leqslant X_{(1)}$，如果震级序列来自 GEV 分布，则重现水平图上的点 $\left\{\left(\ln\left(-\ln\dfrac{k}{n+1}\right),X_{(k)}\right):k=1,2,\cdots,n\right\}$ 应在 $\hat{x}_p$ 的置信区间范围内，否则应怀疑模型选择不当.

4.2　地震活动危险性分析中的极值方法

目前在地震危险性分析与安全性评价中，应用较多的极值方法是在前述两个假定下基于 Gumbel 型极值分布与泊松分布导出相应的地震预报方法. 实际上可由极限理论推导出很多与地震预报相关的公式（张卫东、李茂林、张秀梅等）. 本节基于广义极值分布推导出若干个与地震危险性分析与预报有关的公式与方法，以拓展极值理论在地震应用中的范围.

设 $X_1, X_2, \cdots, X_n$ 为来自最大震级分布——GEV 分布的样本，记 $K = \sum\limits_{i \leqslant n} I_{\{X_i \geqslant x\}}$，其中 $I_{\{X_i \geqslant x\}}$ 为示性函数，当 $X_i \geqslant x$ 时为 1，否则为 0. K 表示数据集 $\{X_i : i = 1, \cdots, n\}$ 中超过 x 的个数，则 K 服从参数为 $n, p = 1 - G_\xi(x)$ 的二项分布.

1. 平均复发周期

设最大震级超过 x 发生一次的平均复发周期为 $T(x)$，即要求 $T(x)$ 年内最大震级超过 x 的平均次数为 1，也就是 $E\left(\sum\limits_{i \leqslant T} I_{\{X_i \geqslant x\}}\right) = 1$，即 $T(x)(1 - G_\xi(x)) = 1$，得

$$T(x) = 1 / (1 - G_\xi(x)) \tag{4-9}$$

反过来也可以推得 T 年内最大地震震级重现水平

$$M(T) = G_\xi^{-1}\left(1 - \frac{1}{T}\right) \tag{4-10}$$

2. 地震危险性

未来 T 年内发生最大震级超过 x 的概率

$$P(\min\{m : X_m \geqslant x\} \leqslant T) = 1 - [G_\xi(x)]^T \tag{4-11}$$

或者 T 年内发生地震震级不超过 x 的概率

$$p = P(X_1 \leqslant x, \cdots, X_T \leqslant x) = [G_\xi(x)]^T \tag{4-12}$$

据此可以推知，T 年内以概率 p 的把握推测发生地震的最大震级数至少为

$$M = G^{-1}((1-p)^{\frac{1}{T}}) \tag{4-13}$$

也可以推测发生最大地震震级超过 M 的可能性达到概率 p 所需年数为

$$T = \ln(1-p) / \ln G_\xi(M) \tag{4-14}$$

3. 平均发震次数

T 年内发生超过给定震级 x 的发震次数

$$N = \frac{T}{T(x)} = T(1 - G_\xi(x)) \tag{4-15}$$

4. 一年内发生的最大震级之平均震级数

$$\bar{M} = E(X_1) = \mu + \frac{\sigma}{\xi}[\Gamma(1-\xi) - 1], \xi < 1, \tag{4-16}$$

其中 $\Gamma(x) = \int_0^\infty t^{x-1} \mathrm{e}^{-t} \mathrm{d}t, x > 0$ 为 Gamma 函数.

4.3　台湾地区地震危险性分析

GEV 分布为观测值的最大值提供了一个理想的模型,应用中一般是按等长度对数据进行分组,并以 GEV 分布作为区组最大值序列的模型. 这里采用中国地震信息网 http://www.csi.ac.cn/提供的地震目录,选取台湾地区(东经 120°~125.5°,北纬 22°~26°)1970/01/01 至 2010/12/31 共 41 年 $M_s \geqslant 2.7$ 地震为基础数据. 以 6 个月为时间步长进行区组最大值统计,得 1970/01/01 至 2010/12/31 每半年地震最大震级数据,见表 4-1.

表 4-1　台湾地区历史数据

序号	1	2	3	4	5	6	7	8	9	10
震级	5.8	6.5	5.8	5.9	8.0	6.6	6.2	6.7	5.3	6.4
序号	11	12	13	14	15	16	17	18	19	19
震级	7.0	5.5	6.2	5.3	5.2	5.8	6.5	7.3	5.0	6.1
序号	21	22	23	24	25	26	27	28	29	30
震级	5.5	5.7	6.4	4.8	6.5	6.2	6.9	6.7	6.0	5.5
序号	31	32	33	34	35	36	37	38	39	40
震级	6.3	5.8	6.8	7.3	5.9	6.0	5.9	6.0	5.1	6.7
序号	41	42	43	44	45	46	47	48	49	50
震级	5.1	7.0	6.1	5.2	6.6	6.3	5.7	5.7	7.0	6.0
序号	51	52	53	54	55	56	57	58	59	60
震级	6.4	5.9	6.8	5.7	5.3	5.2	7.6	6.1	5.9	7.4
序号	61	62	63	64	65	66	67	68	69	70
震级	6.7	6.2	6.2	7.5	7.4	6.0	6.0	6.9	6.5	6.5
序号	71	72	73	74	75	76	77	78	79	80
震级	6.3	6.2	6.7	6.1	6.7	6.1	6.4	5.1	5.3	6.9
序号	81	82								
震级	6.7	6.3								

图 4-1 是最大震级散点图,图中横轴表示以半年为单位的时间,为简便起见,依序列号代替,纵轴表示每半年最大地震面波震级(M_s). 数据显示最大地震震级分布没有明显的变异性,因此可以将观测值看作是来自 GEV 分布的样本. 根据表 4-1 数据使用统计软件 R 中 ismev 工具包 gev.fit 命令可得 GEV 分布参数的极大似然估计为 $(\hat\mu, \hat\sigma, \hat\xi) = (5.953, 0.641, -0.224)$,估计的标准差分别为 $0.078, 0.055, 0.069$. 由估计值和标准差还可知 GEV 分布参数 μ、σ、ξ 的

置信度为 95%的置信区间分别为[5.80，6.11]，[0.533，0.749]和[−0.359，−0.089]. ξ 的极大似然估计与置信区间都显示为负值，因此台湾地区在研究时间尺度范围内最大震级服从 Ⅲ 型极值分布，即对应于一个有界的 Weibull 分布，符合震级有上界的认识. 模型的诊断如图 4–2 所示，图 4–2 左上角为 P–P 图，右上角为 Q–Q 图，左下角为重现水平图，右下角为密度曲线的估计和直方图.

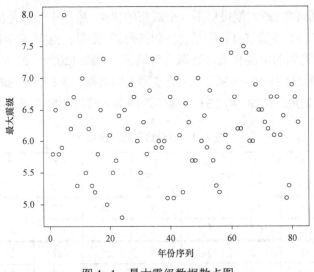

图 4–1　最大震级数据散点图

从 P–P 图和 Q–Q 图看，所有点都几乎在一条直线上，因此不能否认所拟合的模型. 由于 ξ 的估计值为负，因此相应分布具有有限上界，故重现水平曲线应渐近地趋于某个有限值，且重现水平图为一凸曲线. 密度曲线的估计与直方图也显示模型拟合较优. 因此 4 个诊断图都支持拟合的 GEV 分布模型. 图 4–3 则是用 Gumbel 分布模型拟合台湾地区震级数据的模型诊断图，易见用该模型拟合效果较差.

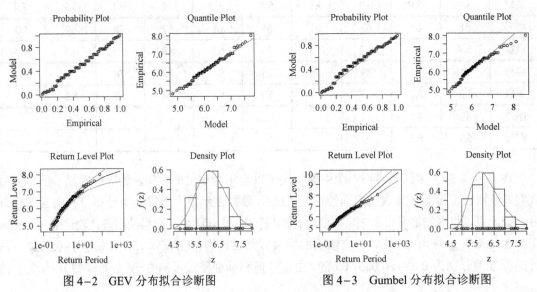

图 4–2　GEV 分布拟合诊断图　　　　图 4–3　Gumbel 分布拟合诊断图

利用 4.2 节中给出的公式计算台湾地区 1970—2010 年最大地震震级的平均复发周期及理论发震次数，并预测未来半年、一年和五年发震的概率，计算结果见表 4-2 和表 4-3.

表 4-2　台湾地区地震复发周期计算表（1970—2010）　　时间步长：6 个月

M_s	3.5	4.0	4.5	5.0	5.5	6.0	6.5	7.0	7.5	8.0	8.5	9.0
复发周期 T	1.00	1.00	1.00	1.03	1.17	1.65	3.11	8.15	32.73	273.22	18 909.54	∞
理论发震数	82	82	82	80	71	50	27	10	3	1	0	0
实际发震数	82	82	82	81	70	54	29	10	3	1	0	0

表 4-3　台湾地区未来 T 年发震危险性

M_s	3.5	4.0	4.5	5.0	5.5	6.0	6.5	7.0	7.5	8.0	8.5	9.0
半年内发震概率	0.99	0.99	0.99	0.97	0.85	0.60	0.32	0.12	0.03	0	0	0
一年内发震概率	1.0	0.99	0.99	0.99	0.98	0.84	0.54	0.23	0.06	0.007	0	0
五年内发震概率	1.0	1.0	1.0	1.0	0.99	0.99	0.98	0.73	0.27	0.04	0	0

讨论

（1）针对台湾地区最大震级分布的极值建模，应用 Gumbel 极值分布拟合效果较差，从分析结果可以看出震级分布服从具有有限上界的 Weibull 分布. 基于广义极值分布的地震危险性分析模型，一方面理论上是合理的，比传统方法更可靠；另一方面也能够避免以往单独采用某一分布的不足.

（2）根据广义极值分布计算出的地震理论发震数与实际发震数相比较，震级超过 3.5 级的地震次数理论与实际一致，事实上震级数据中最大震级几乎总是超过 4.5 级. 由于极值理论主要特点在分析分布尾部特征，因此比较大的震级发生才是我们所关心的，表 4-2 显示 $M_s \geqslant 7.0$ 级地震次数符合实际，由此可见极值理论是强震预报中一种较有效的方法之一. 震级超过 5.0 级的地震次数实际发生数总是大于理论发震数，这可能是缘于在讨论的时间窗口中未能将余震信息删除的结果，余震和震群被认为是非"独立"的事件，是由于较大地震发生后，在其震源区及其附近应力调整而产生的"相关"事件（傅征祥），这在一定程度上削弱了模型应用的变量独立性条件.

（3）从地震发震危险性分析来看，台湾地区半年内发震震级几乎总是超过 5.0 级，超过 6.0 级地震的概率达到 0.6，一年内震级超过 6.5 级的可能性也达到了 0.54，说明发震的可能性大. 从更长时间来看，未来 5 年台湾地区发生超过 6.5 级地震的概率为 0.98，超过 7.0 级地震的概率更是达到了 0.73，危险性非常高，应引起重视.

需要说明的是，以上针对台湾地区 41 年来的地震基础资料进行的极值分析，仅是从有限的样本中得到的统计特征. 随着统计数据样本量的增加，结果可能会更可靠. 另外，由于地震活动呈现出地震活跃–平静期交替变化的周期特征和时间、空间分布的丛集特点，针对这种呈趋势性的震级序列怎样进行极值统计分析，还值得进一步的研究和探讨.

4.4　东昆仑山断裂带周边区域地震危险性分析

本节采用面波震级 (M_s) 作为地震大小度量单位，利用国家地震科学数据共享中心（https://data.earthquake.cn/）的正式地震目录为源数据，若面波震级缺失，利用近震震级 M_L 与面波震级转换公式：$M_s = 1.13M_L - 1.08$ 进行数据补充，依据张国民提出的大陆活动地块边界，截取东经 82.8°～104.2°，北纬 33.5°～37.1° 区域内的 4 385 个震例作为东昆仑断裂带及南边区域地震危险性分析的源数据. 考虑研究对数据样本的相互独立要求，采用 C–S 法进行余震删除，得到 3 616 个用于地震危险性评价的震例信息，震例空间分布如图 4–4 所示.

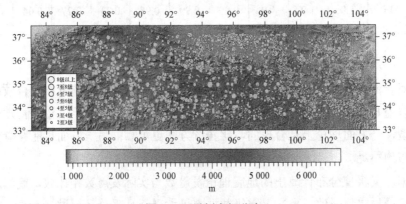

图 4–4　震例空间分布

东昆仑山断裂带及周边区域地震分布情况是呈东北频率高，震级低，西南及中部频率低，震级高的特征. 研究区域地震发生频繁，$7M_s$ 以上的超强震基本上是从东到西均匀分布于整体地震带.

源数据中 1900 年前只有 25 条记录，样本震级基本上是 $5M_s$ 以上震例，黄玮琼提出该区域 M_s 以上震例信息从 1937 年开始丰富，完整的地震记录始于 1970 年我国的地震台网建立后. 1930 —2019 年的 $3M_s$ 以上震例震级–时间关系如图 4–5 所示，该区域 $4M_s$ 以上震例信息从 1950 年开始丰富，完整的 $3M_s$ 以上震例记录始于 1965 年. 考虑到统计分析模型所需样本在时间上的连续性，同时尽量最大程度地保留研究区域的地震特征. 这里以半年为间隔，截取 1950 年以后的区间震级最大值为地震危险性分析的研究样本.

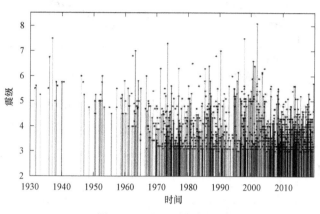

图 4-5　震级-时间关系

根据前文的 GEV 分布参数估计方法, 通过数值计算求得 GEV 分布的主要参数的极大似然估计值及 95% 的置信区间 (见表 4-4) 和协方差矩阵 $\boldsymbol{P}_{\mathrm{cov}}$ (见式 (4-17)).

$$\boldsymbol{P}_{\mathrm{cov}} = \begin{pmatrix} 0.001\,1 & -0.000\,7 & -0.000\,8 \\ -0.000\,7 & 0.002\,6 & 0.000\,1 \\ -0.000\,8 & 0.000\,1 & 0.006\,3 \end{pmatrix} \tag{4-17}$$

表 4-4　GEV 分布参数极大似然估计

	$\hat{\xi}$	$\hat{\mu}$	$\hat{\sigma}$
估计值	$-0.204\,4$	$0.847\,8$	$4.834\,8$
置信区间	$[-0.268\,8, -0.140\,1]$	$[0.753\,2, 0.954\,3]$	$[4.678\,8, 4.990\,9]$

GEV 模型的形状参数 $\hat{\xi} < 0$, 且置信区间的上限小于 0, 表明研究区域半年最大震级分布服从 Ⅲ 型极值分布, 有理论震级上限.

GEV 模型对于东昆仑地震危险性评价的适用性诊断图如图 4-6 所示. 估计的密度曲线和直方图轮廓趋势基本吻合; 震级大于 $3M_{\mathrm{s}}$ 的样本几乎全部落在重现水平的 95% 的置信区间内, 结合 $\hat{\xi} < 0$, 表明重现水平渐近趋于定值, P-P 图和 Q-Q 图的散点沿 45° 直线小幅波动, 说明理论分位与观测值分位数几乎是一致. 对比 Gumbel 危险性评价模型 (适用性检验见图 4-7), 当震级超过 $5.5M_{\mathrm{s}}$ 时, Gumbel 模型预测值与样本值开始明显偏离, 故 GEV 模型更适合做所研究区域的地震灾害危险性模型.

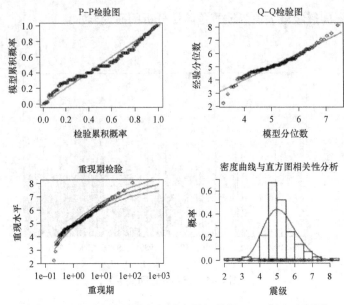

图 4-6　东昆仑地震带半年最大震级数据 GEV 拟合诊断图

计算 70 年来超阈值发震频数，与样本信息对比（见表 4-5），可得随着阈值的增加，超阈值理论发震次数和实际情况基本一致.

表 4-5　70 年超阈值理论与实际发震频数对比

震级阈值	4.0	4.5	5.0	5.5	6.0	6.5	7.0	7.5	8.0
理论发震频数	128.0	107.6	78.3	48.6	25.4	11.1	3.9	1.0	0.14
实际发震频数	125	113	74	40	21	9	5	2	1

综上所述，这里所构建的 GEV 模型能够比较客观地反映研究地区的地震活动规律，因此此模型对东昆仑山断裂带及其周边区域的地震危险性分析是客观可信的.

按照 GEV 模型，对于东昆仑山断裂带及周边区域的危险性分析如下.

1. 地震危险性宏观分析

东昆仑山断裂带及周边区域半年期最大震级的均值为 $5.2M_s$，属于中强震水平，说明该地块发生中强震的危险性极高. 该区域的最高理论震级为 $8.98M_s$，表明东昆仑山地震带存在发生超巨震的可能性.

2. 发震可能性分析

东昆仑山断裂带及周边区域部分震级的复发周期预测见表 4-6，震级-复发周期图表明研究区域 $5.5M_s$ 以下地震发生相当频繁，超过 $6M_s$ 地震的复发周期呈指数增长. 表 4-6 数据表明，研究区域 $5M_s$ 左右的中强地震几乎每年都要发生，$6.5M_s$ 左右的强震大约 6 年发生一次.

表 4-6　各震级理论复发周期

M_s	4.5	5.0	5.5	6.0	6.5	7.0	7.5	8.0
复发周期	0.65	0.9	1.45	2.75	6.31	18.1	71.1	479.4

图 4-7 表明东昆仑山断裂带及周边区域在 50 年周期内发生超 $7M_s$ 的地震概率为 94%，超 $7.5M_s$ 的地震可能性为 51%，而在 100 年内发生超 $7.5M_s$ 地震的概率则提升到 76%，以上数据说明研究区域的孕育地震的能量聚集比较快，地质活动比较频繁.

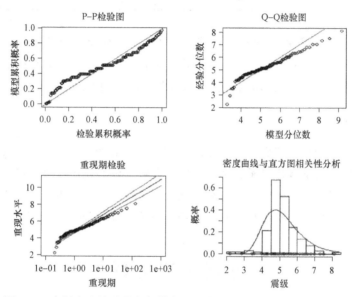

图 4-7　东昆仑山地震带半年最大震级数据 Gumbel 模型拟合诊断图

3. 重现水平分析

东昆仑山断裂带及周边区域的定周期的重现水平和 95% 的置信区间见表 4-7. 在理论上，东昆仑山断裂带及周边区域 10 年一遇的地震约 $6.7M_s$，重现水平在 $7\sim7.6M_s$ 的地震重现期的跨度为 $18\sim100$ 年，说明该地区百年一遇的地震应该为 $7M_s$ 以上，结合百年重现水平的 95% 置信上限为 $8.0M_s$，表明该地区在百年的重现期里存在发生超强震的可能，以上结论从另一个角度表明该地震带孕育地震的能量聚集迅速，断层之间相互作用是相当强烈的. 研究区域分别于 1997 年和 2001 年在中西部发生过 2 次超 $7.5M_s$ 的超强震，1963 年和 1990 年在东部发生过两次 $7M_s$ 地震，从地震能量释放和发震周期来预测，未来一段时间，该地震带东部存在发生 $7M_s$ 左右地震的可能性很高.

表 4-7　定周期内的重现水平及置信区间

重现期/年	重现水平	95%置信下限	95%置信上限
5	6.4	6.2	6.6
10	6.7	6.5	7.0

重现期/年	重现水平	95%置信下限	95%置信上限
25	7.1	6.8	7.4
50	7.4	7.1	7.7
100	7.6	7.2	8.0
250	7.9	7.4	8.3
500	8.0	7.5	8.5

本章对 GEV 分布模型的构建过程做了系统的阐述，定义了地震重现期和重现水平，并给出了完整的地震危险性评价指标. 并利用所建 GEV 模型从多个角度对东昆仑山地震带的地震危险性做较为全面的讨论，所得结论可作为研究区域的地震安全性评价重要的参考信息.

拓展思考

虽然 GEV 模型能够对地震危险性做出相对比较客观的评价，但由于模型构建过程所用的是区组最值信息，最值信息只能表述研究区域在特定时间段的极端情况，并不能全面反映研究区域的地震活动规律. 如何从更充分地利用数据信息角度来优化 GEV 模型的构建过程将是后续主要的研究方向，以使构建的地震安全评价系统更加合理和有效.

本章参考文献

[1] FISHER R, TIPPETT L H. Limiting forms of the frequency distributions of the largest or smallest member of a sample[J]. Proceedings of the Cambridge Philosophical Society, 1928，24(2): 180−190.

[2] NORDQUIST J N. Theory of largest values applied to earthquake magnitudes[J]. EOS Transactions of the American. Geophysical Union, 1945(26): 29−31.

[3] EPSTEIN B, LOMNITZ C. A model for the occurrence of the largest earthquakes[J]. Nature, 1966，211(5052): 954−956.

[4] HAAN D L, FERREIRA A. Extreme value theory：an introduction[M]. New York: Springer, 1980：3−33.

[5] 高孟潭，贾素娟. 极值理论在工程地震中的应用[J]. 地震学报，1988（3）：317−326.

[6] 贾素娟，鄢家全. 利用历史地震影响烈度的统计特性进行地震区划[J]. 地震研究，1996（3）：277−285.

[7] 陈培善，林邦慧. 极值理论在中长期地震预报中的应用[J]. 地球物理学报，1973（1）：6−24.

[8] 陈虹，黄忠贤. 应用混合极值理论及最大似然法估计中国大陆地震危险性[J]. 地震学报，1995，17（2）：264−269.

[9] 陈虹. 应用混合极值理论及最大似然法估计东南沿海各地震区的地震危险性[J]. 华南地震, 1996, 16 (1): 10-15.

[10] 秦卫平. 定时段最大地震震级分布问题[J]. 地震研究, 1983, 6 (4): 591-602.

[11] 钱小仕, 王福昌, 曹桂荣, 等. 广义极值分布在地震危险性分析中的应用[J]. 地震研究, 2012, 35 (1): 73-78.

[12] 史道济. 实用极值统计方法[M]. 天津: 天津科学技术出版社, 2006.

[13] 夏成明, 姜先畴, 张寅生, 等. 应用极值理论研究台湾和华东地区中强地震活动的相关性[J]. 地震学刊, 2002, 22 (4): 40-45.

[14] 张卫东, 李茂林, 张秀梅, 等. 极值理论在地震危险性分析中的应用与研究[J]. 东北地震研究, 2005, 21 (1): 24-30.

[15] 傅征祥. 中国大陆地震活动性力学研究[M]. 北京: 地震出版社, 1997: 9-10.

第5章 由小震丛集性约束地震断层面的方法

5.1 引 言

由于大范围内地质构造的复杂多变性和介质性质的非均匀性,大地震发震断层面的几何形态往往十分复杂,不能仅由一个主断层面来刻画. 地质调查可以看到地表的破裂,而深部破裂经常与地表破裂有很大区别,于是可通过余震分布来确定深部破裂信息(万永革等). 王鸣和王培德用设在极震区的一小孔径临时地震台网的资料分析研究了 1989 年 10 月 18 日大同—阳高地震部分余震的空间分布和综合断层面解. 然而他们利用余震分布求断层面最小二乘解时采用的 Gauss-Newton 法在迭代过程中对初始参数选择十分敏感,而且未给出断层面位置参数. 王福昌等用主成分分析方法求解断层面走向角和倾角,避免了用 Gauss-Newton 法必需的迭代过程,加快了计算速度,但离群震源点存在可能严重影响参数估计值. 王福昌等基于 L_1 范数给出能够减小离群值影响的稳健数学模型和相应的粒子群优化算法. 上述方法的不足是只能拟合一个主断层面而不能处理同时拥有多个子断层面的复杂破裂结构. 万永革等在数学模型中引入定位误差信息并用模拟退火算法,结合反演理论和应力场等地震学知识给出唐山地震几个断层面的走向、倾角和滑动角参数的估计值和误差. 于湘伟等给出 1993—2004 年首都圈地震的精确定位数据,将唐山地区地震分为 3 个小震群;张广伟等对华北地区 2001—2009 年的地震进行精确定位,得到了一些新的小震分布规律,也利用小震空间分布估算过断层面解,已证实万永革等给出方法的有效性和实用性,但都没有明确给出划分小震群的数学模型和方法. Ouillon 等虽然给出了一种划分小震的方法,并用于 Landers 地震中,但算法比较复杂,速度较慢.

近年来,随着双差定位法(Waldhause、Ellsworth、于湘伟、张广伟等)和波形互相关技术(Schaff、Waldhauser、吕鹏等)在地震精确定位中的应用,使得对小地震的定位精度越来越高,数量越来越多,从而采用小地震的丛集性确定深部活断层几何形态成为可能(于湘伟、吕鹏、朱艾澜等),但他们没有给出定量描述,因此采用定量化的数学模型和方法来对断层面进行描述具有重要的意义.

5.2　基本假设

假设大地震及其余震发生在破裂面上，破裂面可由一系列矩形子断层面近似表示. 由于地震定位误差的存在，余震震源点在每个矩形子断层面附近随机分布. 为便于数学处理，假设每个矩形子断层面附近震源点独立同分布于相同参数的三维正态分布，即大部分震源点包含于以子断层面为中心的扁平椭球内. 如果椭球充分扁平，则可以很好地近似矩形子断层面. 基于上述假设，以模糊聚类分析和主成分分析方法为工具，给出一种能够自动将震源点集划分为若干子集的新方法，先通过计算机模拟检验了新方法的性能，再将新方法用于加州 Landers 地震的部分精确定位数据，把得到的结果与已有文献进行比较，证实了新方法的正确性和有效性.

5.3　模糊聚类方法

因为类可看作是数据集的子集，所以可按照数据集是经典集合还是模糊集合而将聚类方法分为硬聚类和模糊聚类. 硬聚类的思想是"非此即彼"，即每一个数据点仅属于某个特定子集，各子集间互不相容（没有交集），如传统的 k-means 聚类方法. 而在许多实际问题中，有些事物或特征不仅仅属于某一特定的类，而是"既此又彼"，只是属于不同类的程度有所不同. 因此，引入模糊聚类算法，最常用的是模糊 c-means（FCM）算法（Wang）.

5.3.1　模糊 c-means 算法

模糊 c-means（FCM）算法是一种基于目标函数的聚类方法，其目标函数为

$$\min J_m(\boldsymbol{X};\boldsymbol{U},\boldsymbol{V}) = \sum_{i=1}^{c}\sum_{k=1}^{n}(\mu_{ik})^m(d_{ik})^2$$

$$\text{s.t.}\begin{cases} \mu_{ik}\in[0,1],\ \forall i,k;\\ \sum_{i=1}^{c}\mu_{ik}=1,\ \forall k;\\ 0<\sum_{k=1}^{n}\mu_{ik}<n,\ \forall i; \end{cases} \tag{5-1}$$

其中，$\boldsymbol{X}=\{\boldsymbol{x}_1,\boldsymbol{x}_2,\cdots,\boldsymbol{x}_n\}$ 为由 n 个数据点 $\boldsymbol{x}_k=(x_{k1},x_{k2},\cdots,x_{kp})\in\mathbf{R}^p$（$k=1,2,\cdots,n$）构成的数据集，$i$ 为类的下标（$i=1,2,\cdots,c$），k 为数据样本值下标（$k=1,2,\cdots,n$），$\boldsymbol{U}=(\mu_{ik})_{c\times n}$ 为隶属度矩阵，μ_{ik} 表示第 k 个元素隶属于第 i 个类的隶属度，$\boldsymbol{V}=\{\boldsymbol{v}_1,\boldsymbol{v}_2,\cdots,\boldsymbol{v}_c\}$，$\boldsymbol{v}_i\in\mathbf{R}^p$ 为第 i（$i=1,2,\cdots,n$）个类的中心，$m(1\leqslant m<\infty)$ 为模糊指数，一般取 1.5～2.5，$d_{ik}^2=\|\boldsymbol{x}_k-\boldsymbol{v}_i\|^2=(\boldsymbol{x}_k-\boldsymbol{v}_i,\boldsymbol{x}_k-\boldsymbol{v}_i)$ 为 $\boldsymbol{x}_k-\boldsymbol{v}_i$ 的内积.

在约束条件下优化式（5-1），得到 $(\boldsymbol{v}_i,u_{ik})$ 为 $J_m(\boldsymbol{X};\boldsymbol{U},\boldsymbol{V})$ 局部极小值的必要条件为

$$v_i = \frac{\sum_{k=1}^{n} \mu_{ik}^m x_k}{\sum_{k=1}^{n} \mu_{ik}^m}, i=1,2,\cdots,c. \tag{5-2}$$

$$\mu_{ik} = \begin{cases} \dfrac{1}{\sum_{j=1}^{c}\left(\dfrac{d_{ik}}{d_{jk}}\right)^{\frac{2}{m-1}}}, & d_{jk} \neq 0, \\ 1, & d_{jk}=0 \text{且} i=j. \end{cases} \tag{5-3}$$

在 FCM 算法中，先给出初始值，通过式（5-2）和式（5-3）反复迭代，可使目标函数 $J_m(U,V)$ 达到极小，具体算法如下.

Step 1：给定聚类数 c，权指数 $m \in [1.5, 2.5]$ 及容许误差 $E_{\max}$ 的值，此时终止条件 $e < E_{\max}$，令 $i=0$；

Step 2：选择初始的聚类中心 $V = \{v_1, v_2, \cdots, v_c\}$；

Step 3：用当前的聚类中心根据式（5-3）计算隶属度函数；

Step 4：用当前的隶属度函数根据式（5-2）更新各类聚类中心；

Step 5：重复 Step 3 和 Step 4 的运算，直到满足收敛条件.

当算法终止时，便得到了每个类的聚类中心及每个样本点对于每个类的隶属度，从而完成模糊类划分.

对于具有 n 个样本，聚类数为 c 的模糊聚类问题，用标准 FCM 算法时，如果迭代次数为 p，则时间复杂度为 $O(pcm^2)$，而且对初始值敏感. 因此，尽管 FCM 聚类算法是无指导的算法，但它要求聚类类别数的先验知识，否则会产生错误的分类，从而破坏算法的无监督性和自适应性. 即当给出的类别数初值不正确时，即使使用很好的聚类算法也不会得到正确的聚类结果.

5.3.2 GKFCM 算法及分类准则

Gustafson 和 Kessel 为了检测数据集中不同几何形状而使用自适应距离对 FCM 算法进行了修改，每一子类都有自己的距离矩阵 A_i 用于描述数据局部结构，

$$D_{ikA_i}^2 = (x_k - v_i)^{\mathrm{T}} A_i (x_k - v_i), \quad 1 \leqslant i \leqslant c, \quad 1 \leqslant k \leqslant n. \tag{5-4}$$

定义 $A = (A_1, A_2, \cdots, A_C)$，则可将 FCM 算法的目标函数修改为 GKFCM 算法的目标函数

$$\min J_m(X; U, V, A) = \sum_{i=1}^{c} \sum_{k=1}^{n} (\mu_{ik})^m D_{ikA_i}^2 \tag{5-5}$$

其中，$\|A_i\| = \rho_i$，$\rho > 0$，对每个类 ρ_i 是常数. 由 Lagrange 乘数法可得 $A_i = [\rho_i \det(F_i)]^{\frac{1}{n}} F_i^{-1}$，其中 F_i 为第 i 类的模糊协方差矩阵

$$F_i = \frac{\sum_{k=1}^{n} (\mu_{ik})^m (x_k - v_i)(x_k - v_i)^{\mathrm{T}}}{\sum_{i=1}^{N} (\mu_{ik})^m}. \tag{5-6}$$

Babuška 等给出了改进的 GK 聚类算法描述和相应的 MATLAB 程序, 其中初始划分是随机的. 为得到更好的聚类效果, 可以使用 FCM 算法或人工指定方法给出初始划分矩阵.

假设数据集为 $\boldsymbol{X}$, 给定聚类数目 $1 < c < n$, 加权指数 $m \in [1.5, 2.5]$, 终止误差 $\varepsilon > 0$, 距离矩阵 $\boldsymbol{A}$, 随机或指定初始划分矩阵 $\boldsymbol{U}^{(0)}$.

对 $l = 1, 2, \cdots$

Step 1: 计算类中心

$$v_i^{(l)} = \frac{\sum_{i=1}^{n} (\mu_{ik}^{(l-1)})^m \boldsymbol{x}_k}{\sum_{i=1}^{n} (\mu_{ik}^{(l-1)})^m}, \quad 1 \leqslant i \leqslant c;$$

Step 2: 计算模糊协方差矩阵

$$F_i^{(l)} = \frac{\sum_{k=1}^{n} (\mu_{ik}^{(l-1)})^m (\boldsymbol{x}_k - \boldsymbol{v}_i^{(l)})(\boldsymbol{x}_k - \boldsymbol{v}_i^{(l)})^T}{\sum_{k=1}^{n} (\mu_{ik}^{(l-1)})^m}, \quad 1 \leqslant i \leqslant c.$$

加入调整单位阵

$$F_i := (1 - \gamma)F_i + \gamma \det(F_0)^{1/p} I,$$

计算 F_i 的特征值 λ_{ij} 和特征向量 ϕ_{ij}, 记 $\lambda_{i\max} = \max_{1 \leqslant j \leqslant p} \lambda_{ij}$, 当 $\lambda_{i\max} / \lambda_{ij} > \beta$ 时, 令 $\lambda_{ij} = \lambda_{i\max} / \beta$, β 可取为 10^{15}, 重新调整

$$F_i = [\phi_{i1}, \phi_{i2}, \cdots, \phi_{ip}]\mathrm{diag}(\lambda_{i1}, \lambda_{i2}, \cdots, \lambda_{ip})[\phi_{i1}, \phi_{i2}, \cdots, \phi_{ip}]^{-1};$$

Step 3: 计算距离

$$D_{ikA_i}^2(\boldsymbol{x}_k, \boldsymbol{v}_i) = (\boldsymbol{x}_k - \boldsymbol{v}_i^{(l)})^T [\rho_i \det(F_i)^{1/p} F_i^{-1}](\boldsymbol{x}_k - \boldsymbol{v}_i^{(l)}), \quad 1 \leqslant i \leqslant c, \quad 1 \leqslant k \leqslant n,$$

Step 4: 更新划分矩阵

$$\mu_{ik}^{(l)} = \frac{1}{\sum_{j=1}^{c} (D_{ikA_i}(\boldsymbol{x}_k, \boldsymbol{v}_i) / D_{jkA_i}(\boldsymbol{x}_k, \boldsymbol{v}_j))^{2/(m-1)}}, \quad 1 \leqslant i \leqslant c, \quad 1 \leqslant k \leqslant n,$$

直至 $\left\| \boldsymbol{U}^{(l)} - \boldsymbol{U}^{(l-1)} \right\| < \varepsilon$.

得到划分矩阵 $\boldsymbol{U}$ 后, 即可据此对数据集进行分类. 一种分类方法是对所有数据点都进行分类, 将每个数据点分给隶属度最大的类, 即: 如果 $\boldsymbol{U}$ 中第 i 行中第 k 个数最大, 则将第 i 个数据点指定给第 k 类. 但在实践中发现这样分类容易受到离群数据影响, 即有的震源点可能不属于任何一个已知断层面, 强行将它指定给某个断层面就会影响断层面的参数估计值而得到错误信息. 为克服离群数据影响, 给出一种新的分类准则. 考虑到数据的空间分布和聚类个数 c, 给出阈值 T $(0 < T < 1)$, 规定当震源点对某一个类的隶属度大于阈值 T 时就将该震源点添加到该类中. 一般地, 随着 T 增大, 各子类和它们之间的交集都会变小, 甚至为空集. 聚

类个数 c 越大，T 也应取得越小，经验值为 $3/c(c>3)$ 时一般会有较好的划分效果. T 也与数据分布有关，如果数据集中离群值较多，这时要想取得较好的划分效果，剔除离群值影响，T 取值应大一些.

5.3.3 聚类数的确定

找到数据集的正确聚类数目具有非常重要的意义（Pal、Bezdek、Bensaid、Xie、Beni 等）. 目前，针对 FCM 和 GKFCM 算法，人们已经从不同的角度提出了许多有效性函数，其中 Bensaid、Xie and Beni 等利用隶属度和数据集构造有效性函数，用有效性函数确定初始聚类数. 有效性函数的有效性反映在类内紧致性和类间分离性两个方面，类内紧致性表明类内样本的变差或分散的程度，类间分离性表明类间的分离程度. 下面给出 3 种常用的有效性函数：

Partition Index（SC）：SC 定义为类内紧致性和类间分离性之比

$$SC(c) = \sum_{i=1}^{c} \frac{\sum_{j=1}^{n} (\mu_{ij})^m \left\| \boldsymbol{x}_j - \boldsymbol{v}_i \right\|^2}{n_i \sum_{k=1}^{n} \left\| \boldsymbol{v}_k - \boldsymbol{v}_i \right\|^2} \tag{5-7}$$

Separation Index（S）：与 SC 指标相比，S 用最小距离划分有效性

$$S(c) = \frac{\sum_{i=1}^{c} \sum_{j=1}^{n} (\mu_{ij})^m \left\| \boldsymbol{x}_j - \boldsymbol{v}_i \right\|^2}{n \min_{i,k} \left\| \boldsymbol{v}_k - \boldsymbol{v}_i \right\|^2} \tag{5-8}$$

Xie and Beni's Index（XB）：XB 定义为

$$XB(c) = \frac{\sum_{i=1}^{c} \sum_{j=1}^{n} (\mu_{ij})^m \left\| \boldsymbol{x}_j - \boldsymbol{v}_i \right\|^2}{n_i \min_{i,j} \left\| \boldsymbol{x}_j - \boldsymbol{v}_i \right\|^2} \tag{5-9}$$

较小的上面 3 种指标值意味着较好的划分.

5.4 用主成分分析确定子断层面参数

假设 (x_i, y_i, z_i) 为第 $i(i=1,2,\cdots,n)$ 个余震震源点在北东下地理坐标系中的空间位置. 先由 GKFCM 方法得到划分矩阵 $\boldsymbol{U}$，再结合阈值 T 从数据集中提取出 c 个子类，最后由每个子类利用主成分分析方法确定子断层面参数.

下面给出由子类确定子断层参数方法. 令 $\boldsymbol{x}_j = (x_j, y_j, z_j)$，$j=1,2,\cdots,n_i$，设 $S_i = \{\boldsymbol{x}_1, \boldsymbol{x}_2, \cdots, \boldsymbol{x}_{n_i}\}$ 为第 i 个子类的数据集，利用 S_i 可以确定第 i 个断层面参数. 对 S_i 进行主成分分析并估计断层面参数，具体如下.

（1）计算 $\hat{\boldsymbol{\mu}}_i = \dfrac{1}{n_i}\sum_{j=1}^{n_i} \boldsymbol{x}_j$，$\hat{\sum}_i = \dfrac{1}{n_i}\sum_{j=1}^{n_i}(\boldsymbol{x}_j - \hat{\boldsymbol{\mu}}_i)^T(\boldsymbol{x}_j - \hat{\boldsymbol{\mu}}_i)$.

（2）求出 $\hat{\sum}_i$ 的 3 个特征值 $\lambda_1 > \lambda_2 > \lambda_3 > 0$ 和相应单位特征向量 $\boldsymbol{u}_1, \boldsymbol{u}_2, \boldsymbol{u}_3$.

（3）断层面的长度和宽度估计：由于假设震源点围绕子断层面中心服从三维正态分布，由概率论知识可知震源点在特征向量 $\boldsymbol{u}_1, \boldsymbol{u}_2, \boldsymbol{u}_3$ 所在直线上的一维投影分别服从一维正态分布，所以据此可估计断层面长度和宽度. 最大特征值 λ_1 为在 $\boldsymbol{u}_1$ 所在直线上投影得到一维正态分布的方差，若取置信水平为 $1-\alpha(0 < \alpha < 1)$，则断层面的长度估计值为 $2u_\alpha\sqrt{\lambda_1}$（$u_\alpha$ 为标准正态分布的 α 分位数）. 同理可得宽度估计值为 $2u_\alpha\sqrt{\lambda_2}$.

（4）断层面走向角和倾角估计：对每一个类，第三个特征向量 $\boldsymbol{u}_3$ 为断层面的单位法向量，可以充分地确定断层面的走向角和倾角. 根据万永革等的结论，如果断层面的走向角为 $\varphi(0 \leqslant \varphi \leqslant 2\pi)$、倾角为 $\delta(0 \leqslant \delta \leqslant \pi/2)$，则断层面的一个单位法向量为 $\boldsymbol{n}^0 = (\sin\varphi\sin\delta, -\cos\varphi\sin\delta, \cos\delta)$，于是 $\boldsymbol{u}_3 /\!/ \boldsymbol{n}^0$. 若求出 $\boldsymbol{u}_3$ 的第三个分量 $u_{33} < 0$，则 $-\boldsymbol{u}_3$ 仍为 λ_3 对应的特征向量. 不妨假定 $u_{33} > 0$，则 $\boldsymbol{u}_3 = \boldsymbol{n}^0$. 确定走向角 φ，倾角 δ 的公式如下：

$$\delta = \arccos(u_{33}), \quad \varphi = \begin{cases} \pi - \arctan(u_{31}/u_{32}), & u_{32} > 0, \\ 2\pi - \arctan(u_{31}/u_{32}), & u_{31} < 0, u_{32} < 0, \\ -\arctan(u_{31}/u_{32}), & u_{31} > 0, u_{32} < 0, \\ \pi/2, & u_{31} > 0, u_{32} = 0, \\ 3\pi/2, & u_{31} < 0, u_{32} = 0. \end{cases} \tag{5-10}$$

（5）矩形断层面 4 个顶点位置估计：均值 $\hat{\boldsymbol{\mu}}_i$ 即为断层面中心，λ_1, λ_2，$\boldsymbol{u}_1, \boldsymbol{u}_2$ 定义同上，则矩形断层面 4 个顶点位置坐标为 $\hat{\boldsymbol{\mu}}_i + u_\alpha(\sqrt{\lambda_1}\boldsymbol{u}_1 + \sqrt{\lambda_2}\boldsymbol{u}_2)$、$\hat{\boldsymbol{\mu}}_i + u_\alpha(\sqrt{\lambda_1}\boldsymbol{u}_1 - \sqrt{\lambda_2}\boldsymbol{u}_2)$、$\hat{\boldsymbol{\mu}}_i - u_\alpha(\sqrt{\lambda_1}\boldsymbol{u}_1 + \sqrt{\lambda_2}\boldsymbol{u}_2)$ 和 $\hat{\boldsymbol{\mu}}_i - u_\alpha(\sqrt{\lambda_1}\boldsymbol{u}_1 - \sqrt{\lambda_2}\boldsymbol{u}_2)$.

5.5　计算机仿真与应用案例

5.5.1　计算机仿真

首先采用计算机仿真来检验算法提取断层面的能力. 在三维空间中模拟产生 3 个断层面，方程分别为 $\text{plane}_1: y = -5$，$-10 \leqslant x \leqslant 10$，$-5 \leqslant z \leqslant 5$，$\text{plane}_2: y = 5$，$-10 \leqslant x \leqslant 10$，$-5 \leqslant z \leqslant 5$，$\text{plane}_3: x = 0$，$-10 \leqslant y \leqslant 10$，$-5 \leqslant z \leqslant 5$. 假定地震均匀地分布在断层面附近，围绕每个断层面随机产生 100 个震源点，具体为：先在断层面上随机均匀选取 100 个点模拟真实震源点，然后围绕这些点进行随机扰动模拟定位误差，每个扰动分量服从正态分布 $N(0, 0.1^2)$，这样就构成一个含有 300 个震源点的测试样本集. 使用 GK 模糊聚类方法对这 300 个震源点数据进行断层面的提取. 在图 5-1 中的点表示断层面附近的震源点，在图 5-2 中 3 个矩形平面表示由本章方法给出的 3 个断层面，可以看出提取出来的断层面与原始的发震断层面非常接近，算法很好地从模拟震源点集中反演出了断层面.

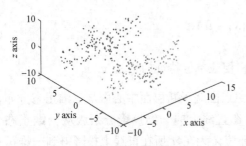

图 5-1 模拟的原始震源点

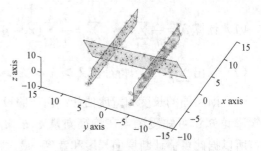

图 5-2 算法给出的分类结果

可以检验每一个提取出来的断层面与原始平面夹角都小于 0.5°，每个平面的厚度都略小于 0.02. 本章给出的方法确实从数据集合中正确给出了 3 个断层面，算法以很高精度得到了断层面的参数.

MATLAB 程序如下：

```
clc, clear, close all
n1=100; n2=10; %模拟数据
g1 = [-10+20*rand(n1, 1), -5*ones(n1, 1), -5+10*rand(n1, 1)]+0.1*randn(n1, 3);
g2 = [-10+20*rand(n1, 1), 5*ones(n1, 1), -5+10*rand(n1, 1)]+0.1*randn(n1, 3);
g3 = [zeros(n1, 1), -10+20*rand(n1, 1), -5+10*rand(n1, 1)]+0.1*randn(n1, 3);
noise = [20*rand(n2, 1)-10, 20*rand(n2, 1)-10, 10*rand(n2, 1)-5];%噪声数据
dat = [g1;g2;g3]; % 人工合成数据
plot3(dat(:, 1), dat(:, 2), dat(:, 3),'b.')%,'color',[0.5, 0.5, 0.3]);
hold on
%plot3(noise(:, 1), noise(:, 2), noise(:, 3),'r.')%,'color',[0.1, 1, 0.1]);
xlabel('x axis'), ylabel('y axis'), zlabel('z axis')
dat = [g1;g2;g3];% noise];
%%在密集处选择初始点
Cen0 = [ -10 -5 5;
    -5 5 -5;
    0, -5, 10;
    5, -5, 10;
    -5 -5 3];
% 用灰点绘制数据分布
%plot3(dat(:, 1), dat(:, 2), dat(:, 3),'.','color',[0.8, 0.8, 0.7]);

param.v = Cen0; data.X = dat;  %数据初始化与参数设置
param.c=3; param.m=2; param.e=1e-6;param.ro=ones(1, param.c);
param.val=1;
datan=clust_normalize(data,'range'); %正规化
```

```
result = GKclust(datan, param); %GK 模糊聚类
%plot(datan.X(:, 1), datan.X(:, 2),'b.', result.cluster.v(:, 1), result.
cluster.v(:, 2),'ro');
hold on
group = {{}};
for k = 1:param.c
    group{k} = data.X(result.data.f(:, k)>0.85,:);
    plot3(group{k}(:, 1), group{k}(:, 2), group{k}(:, 3),'.')%,'color',
    rand(1, 3));
end
%draw contour-map
new.X=data.X;
eval=clusteval(new, result, param);
%validation
result = validity(result, data, param);
result.validity
figure  % 在地面上的投影
dat = [g1;g2;g3]; % 人工合成数据
plot3(dat(:, 1), dat(:, 2), dat(:, 3),'.')%,'color',[0.5, 0.5, 0.3]);
hold on
for i = 1:max(size(group))
    gd = group{i};
    if size(gd, 1)>4
    plot3(gd(:, 1), gd(:, 2), gd(:, 3),'s','color', rand(1, 3))
    gc = mean(gd)';  % 数据中心
    covg = cov(gd, 1);
    [Tg, Eg] = pcacov(covg);
    sd1 = sqrt(Eg(1)); sd2 = sqrt(Eg(2));%轴的长度
    n1 = Tg(:, 1); n2 = Tg(:, 2);  % 主轴方向
    con1 = 1.73;%sqrt(3);% sqrt (12) 的一半 %利用 3sigma 更好
    ep1 = gc + con1*sd1*n1+con1*sd2*n2; ep2 = gc + con1*sd1*n1-con1*sd2*n2;
    %边界点
    ep3 = gc - con1*sd1*n1-con1*sd2*n2; ep4 = gc - con1*sd1*n1+con1*sd2*n2;
    X = [ep1(1); ep2(1); ep3(1); ep4(1)]';
    Y = [ep1(2); ep2(2); ep3(2); ep4(2)]';
    Z = [ep1(3); ep2(3); ep3(3); ep4(3)]';
    % 绘制平面
```

```
    fill3(X, Y, Z,'c')
    end
end
xlabel('x axis'), ylabel('y axis'), zlabel('z axis');
alpha(0.3)%透明度
hold off
```

5.5.2　在 Landers 地震余震序列分析中的应用

1992 年 6 月 28 日，在美国南加州发生 Landers 7.3 级大地震，震源破裂涉及的范围广，发震断层面难以用一个简单平面来描述. 根据 Lin 等得到的 Landers 地震北部（34.3°N～34.7°N，116.4°W～116.7°W）26 147 个余震精确定位数据，用 GK 模糊聚类和主成分分析方法进行了该地区子断层面提取.

1. 数据转换

为了使用上面方法，必须对常见定位数据格式进行处理，统一量纲. 一般精确定位余震震源点数据都有经度（long）、纬度（lat）和深度（deep）量，取这 3 个变量的值记为 $(\text{long}_i, \text{lat}_i, \text{deep}_i)$，其中经度（long）、纬度（lat）的单位是角度，深度单位是 km，使用时需要转化为单位都是 km 的坐标 (x_i, y_i, z_i)，近似计算公式如下.

设地球上 1 纬度的长度近似为 $c_l = 111.199 \, \text{km}$，$n$ 个震源点纬度、经度和深度平均值分别为 $\text{lat}_0 = \dfrac{1}{n}\sum\limits_{i=1}^{n}\text{lat}_i$、$\text{long}_0 = \dfrac{1}{n}\sum\limits_{i=1}^{n}\text{long}_i$ 和 $\text{deep}_0 = \dfrac{1}{n}\sum\limits_{i=1}^{n}\text{deep}_i$，则可得 $\text{rlat}_i = (\text{lat}_i + \text{lat}_0) \times \pi/360$，$x_i = c_l(\text{long}_i - \text{long}_0)\cos(\text{rlat}_i)$，$y_i = c_l(\text{lat}_i - \text{lat}_0)$，$z_i = \text{deep}_i - \text{deep}_0$，$i = 1, 2, \cdots, n.$ 然后就可以对得到的 (x_i, y_i, z_i) 使用 GKFCM 和主成分分析方法估计出各子断层面参数.

为便于比较余震分布和各子断层面位置，求出矩形断层面四个顶点位置后需要再把 x、y 和 z 值转化为 long、lat 和 deep 值. 转化公式如下：lat_0、long_0 和 deep_0 定义同上，则可得 $\text{lat} = \text{lat}_0 + y/c_l$，$\text{rlat} = (\text{lat} + \text{lat}_0) \times \pi/360$，$\text{long} = \text{long}_0 + x/(c_l \cos(\text{rlat}))$，$\text{deep} = z + \text{deep}_0$.

2. 数据分析结果

按照本章方法，根据 Lin 等精确定位数据进行了分析，拟合出部分 Landers 地震一系列子断层结果.

首先确定最优聚类个数，设 $m = 2$，$\varepsilon = 10^{-8}$，$\rho = 1$，聚类数 c 从 2 到 14，计算出 SC、S 和 XB 指标值随着类数增加的变化情况，如图 5-3 所示.

从图 5-3 可以看出，当聚类数 $c = 7$ 时，3 种指标的值局部极小，故取聚类数 $c = 7$. 执行完 GKFCM 后可得隶属矩阵 U，取阈值 $T = 3/7$，可根据 U 和 T 对数据点进行分类. 令 $\alpha = 0.05$，利用主成分分析确定矩形断层面顶点坐标.

在图 5-4 中给出了断层面在余震震源点中的分布在地面上的投影. 离群震源点用"×"表示，没有被指定给任何子类，各子类的震源点用"○"表示，被用来进行主成分分析确定断层面. 各矩形子断层面在地表投影为四边形，用大写英文字母 A、B、C、D、E、F 和 G 标识. 可以看出这时断层面范围与余震分布吻合很好，阈值也比较合适. 左侧有一个小的断层分支看起来较为明显，但算法没有识别出. 这是因为这个小分支更接近一条直线，面状结构不很明显，且震源点较少，与算法的假设有一定差距，因而没有被当成断层面.

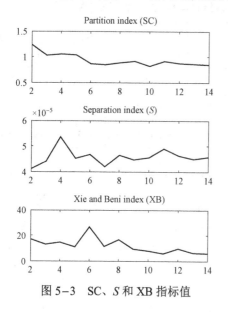

图 5-3　SC、S 和 XB 指标值

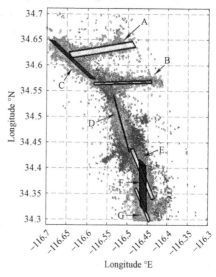

图 5-4　Landers 地震部分余震数据集和 7 个子断层

表 5-1 中每个断层面的标签与图 5-4 中一一对应. 每个子断层面由它中心的位置(纬度、经度、深度)、走向角、倾角、长度、宽度（km）、$\sqrt{\lambda_3}$ 值来描述. 隐伏断层面表示断层面无明显构造特征，自然断层面与自然地面没有相交，在地质调查中无法观察到. 断层面 A 和 B 有非常明显的断层面分布，但无地表破裂，为隐伏断层，C 和 D 为 Emerson 断层，F 则与 Homestead 山谷较为符合. E 和 G 在 F 的下面，较深，为隐伏断层. 在图 5-4 中，隐伏断层用白色四边形标识，非隐伏断层用灰色四边形标识.

表 5-1　由本章方法确定的 Landers 地震部分余震序列拟合平面与在同一区域已知断层的对应

标识	子断层面名	经度/（°）	纬度/（°）	深度/km	走向角/（°）	倾角/（°）	长度/km	宽度/km	$\sqrt{\lambda_3}$/km	地震数目
A	隐伏断层	−116.56	34.63	6.41	188.6	80.8	14.46	8.29	0.60	2 228
B	隐伏断层	−116.51	34.57	6.27	2.0	85.6	13.15	6.55	1.08	1 459
C	Emerson 断层	−116.64	34.61	5.18	318.0	85.1	12.27	7.18	0.76	2 983
D	Emerson 断层	−116.52	34.49	7.46	106.4	89.0	11.68	6.02	0.73	2 851
E	隐伏断层	−116.46	34.39	8.91	114.3	79.7	11.81	4.45	0.62	3 195
F	Homestead 山谷	−116.46	34.37	4.09	276.3	74.8	10.54	5.17	0.64	5 018
G	隐伏断层	−116.46	34.33	8.77	294.1	84.0	7.74	5.22	0.62	4 454

为进一步说明本章方法的有效性，将本章结果与 Ouillon 等结果进行部分对比，从图形上

看，本章的 B、C 断层面分别与 Ouillon 等的 D、C 断层面相对应.

表 5-2　Landers 地震 Emerson 断层参数反演结果与 Ouillon 等部分结果对比

子断层面	经度/(°)	纬度/(°)	深度/km	走向角/(°)	倾角/(°)	长度/km	宽度/km	$\sqrt{\lambda_3}$/km	地震数目
本章 C 断层面	-116.64	34.61	5.2	318.0	85.1	12.27	7.18	0.76	2 983
Ouillon 等 C 断层面	-116.64	34.61	6.4	299.3	83.4	8.99	7.50	2.15	345
本章 B 断层面	-116.51	34.57	6.3	2.0	85.6	13.15	6.55	1.08	1 459
Ouillon 等 D 断层面	-116.54	34.57	6.8	275.4	83.6	17.02	11.25	3.07	178

这里得到断层面 C 参数与 Ouillon 等的断层面 C 结果较为接近，$\sqrt{\lambda_3}$ 更小，说明新得到断层面更加明显，余震围绕断层面更加集中，可能与余震定位精度较高有关；本章断层面 B 比 Ouillon 等的断层面 D 小，但分离更加清楚，Ouillon 等得到的断层面 C 与 D 几乎相交，从图 5-4 可以看出，本章结果似乎更加合理.

图 5-3 对应的 MATLAB 程序为：

```
clc, clear, close all
dat = load('Landers_trim.txt'); % % 调入 Landers 地震数据
Lind1 = 10071; % 1992/6/28-11-57 发生 7.3 级地震在原始数据中编号
dat(dat(:, 2)<34.2,:)=[];
dat = dat(Lind1:Lind1+5000-1,:); %取 Landers 地震 5 000 个余震震源点
dat_ori = dat(:,[2 1 3]);hold on
% 地理北东下坐标转换
n = size(dat, 1); lat = dat(:, 2); long = dat(:, 1); deep = dat(:, 3);
%转化距离 km
lat0=mean(lat);long0=mean(long);deep0=mean(deep);
% 震中平均位置 m=[39.9458 113.8313]
c1 = 111.199; y = c1*(lat-lat0); % 纬度
rlat = (lat+lat0)*pi/360; x = c1*(long-long0).*cos(rlat);% 经度
z = deep-deep0;
% 转换参数
trpar = [c1, lat0, long0, deep0]; dat = [x, y, z];
Centerguess = [  -116.5401   34.6329
    -116.5501   34.6429
    -116.6579   34.6329
    -116.4448   34.5671
    -116.5462   34.5355
```

```
        -116.4990    34.4461
        -116.4632    34.3566
        -116.4506    34.2513
        -116.4321    34.1697
        -116.4172    34.0961
        -116.3688    34.0671
        -116.2824    33.8882];
Cen0 = ori2km([Centerguess(:,[2 1]) 5*ones(12, 1)], trpar);
param.v = Cen0;data.X = dat;%parameters
param.m=2;param.e=1e-8;param.val=2;
%normalization
datan=clust_normalize(data,'range');
%clustering
SC = [1.3366, 0.9940, 1.0696, 1.0432, 1.0196, 0.8285, 0.8596, 0.8679, 0.8536,
1.0035, 0.9148, 0.9785, 0.8961];
 S = [6.3630e-005, 5.8985e-005, 8.0223e-005, 6.5001e-005, 8.1971e-005,
6.0380e-005, 6.5991e-005,...
     6.3046e-005, 5.8126e-005, 7.4937e-005, 6.4432e-005, 7.0882e-005,
6.6472e-005];
 XB = [12.2151, 11.7139, 18.4310, 9.3776, 13.4740, 6.8646, 7.9976, 9.2730,
7.3860, 11.0508, 6.5492, 5.5461, 6.5033];
for C=2:14;
    param.c=C;
    result = GKclust(datan, param);%GK 模糊聚类
    %validation
     result = validity(result, datan, param);
    SC(C-1) = result.validity.SC;
     S(C-1) = result.validity.S;
    XB(C-1) = result.validity.XB;
end
c = 2:14;
subplot(3, 1, 1), plot(c, SC,'k');title('Partition index(SC)')
subplot(3, 1, 2), plot(c, S,'k');title('Separation index(S)')
subplot(3, 1, 3), plot(c, XB,'k');title('Xie and Beni index(XB)')
```

图 5-4 对应的 MATLAB 程序为：

```
tic
clc, clear, close all
```

```
% % 调入 Landers 地震数据
dat = load('Landers_trim.txt');
Lind1 = 10071; % 1992/6/28-11-57 发生 7.3 级地震
dat(1:Lind1,:)=[];dat(dat(:, 2)<34.30,:)=[];
dat_ori = dat(:, 1:3);
% 地理北东下坐标转换
n = size(dat, 1);lat = dat(:, 2);
long = dat(:, 1);deep = dat(:, 3);
%转化距离 km
lat0=mean(lat);long0=mean(long);
deep0=mean(deep);
% 震中平均位置 m=[39.9458 113.8313]
c1 = 111.199;
y = c1*(lat-lat0); % 纬度
rlat = (lat+lat0)*pi/360;
x = c1*(long-long0).*cos(rlat);% 经度
z = deep-deep0;
% 转换参数
trpar = [c1, lat0, long0, deep0];
dat = [x, y, z];
Centerguess = [ -116.4344   34.5677
  -116.5082   34.6332
  -116.6706   34.6434
  -116.5531   34.4162
  -116.5243   34.5145
  -116.4632   34.3692
  -116.4298   34.2075];
Cen0 = ori2km([Centerguess(:,[2 1]) 5*ones(size(Centerguess, 1), 1)], trpar);
param.v = Cen0;data.X = dat;
%parameters
param.c=7;param.m=3;param.e=1e-6;
param.ro=rand(1, param.c);param.val=3;
%normalization
datan=clust_normalize(data,'range');
%clustering
result = GKclustU0(datan, param);%GKclust 聚类分析
group = {{}};
```

```
for k = 1:param.c
    group{k} = data.X(result.data.f(:, k)>3/param.c,:);
end
%draw contour - map
new.X=data.X;eval=clusteval(new, result, param);
%validation
result = validity(result, data, param);result.validity
datainv = clust_denormalize(datan);
```

%% 由（x, y, z）转换为(long, lat, deep)　见函数 km2ori.m

% 转换公式如下

```
% lat = lat0 + y/c1;
% rlat = (lat + lat0)*pi/360;
% long = long0 + x/(c1*cos(rlat));
% deep = z + dep0;
hold on
snum = zeros(1, param.c);outdat = dat;Inddzxb = [4 3 2 1 5 7 6];
for i = 1:max(size(group))
    gd = group{Inddzxb(i)}; outdat = setdiff(outdat, gd,'rows');
    snum(i) = size(gd, 1);%求每类震源点数目
    gd_ori = km2ori(gd, trpar);
    plot3(gd_ori(:, 2), gd_ori(:, 1), gd_ori(:, 3),'o','color',[1, 0,
0],'markersize', 3)%,'color', rand(1, 3)
    end
    disp(sprintf('利用的余震数 %d', sum(snum)))%参与主成分分析的震源点数目
    outliers = km2ori(outdat, trpar);
    plot3(outliers(:, 2), outliers(:, 1), outliers(:, 3),'x','color',[0, 0,
1],'markersize', 3)
    disp(sprintf('余震离群数目 %d', size(outliers, 1)))%未参与主成分分析的离群震源点
数目
    for i = 1:max(size(group))
        gd = group{i}; gd_ori = km2ori(gd, trpar);
        plot3(gd_ori(:, 2), gd_ori(:, 1), gd_ori(:, 3),'.','color',[0.8, 0.8,
0.8],'markersize', 2)%,'color', rand(1, 3))
        gc = mean(gd)'; % 数据中心
        covg = cov(gd, 1);    [Tg, Eg] = pcacov(covg);
        sd1 = sqrt(Eg(1)); sd2 = sqrt(Eg(2));%轴的长度
        n1 = Tg(:, 1); n2 = Tg(:, 2);  % 主轴方向
```

59

```
        con1 = 1.96;%sqrt(3);% sqrt (12) 的一半 %利用 3sigma 更好
        ep1 = gc + con1*sd1*n1+con1*sd2*n2; ep2 = gc + con1*sd1*n1-con1*sd2*n2;
        %边界点
        ep3 = gc - con1*sd1*n1-con1*sd2*n2; ep4 = gc - con1*sd1*n1+con1*sd2*n2;
        ep1_ori = km2ori(ep1', trpar);ep2_ori = km2ori(ep2', trpar);ep3_ori =
km2ori(ep3', trpar);ep4_ori = km2ori(ep4', trpar);
        X = [ep1_ori(1); ep2_ori(1); ep3_ori(1); ep4_ori(1)]';
        Y = [ep1_ori(2); ep2_ori(2); ep3_ori(2); ep4_ori(2)]';
        Z = [ep1_ori(3); ep2_ori(3); ep3_ori(3); ep4_ori(3)]';
        if ismember(i,[1 2 6 7])
            fill3(Y, X, Z,'k','FaceColor','white','LineWidth', 2)
        else
            fill3(Y, X, Z,'k','FaceColor','black','LineWidth', 2)
        end
    end
end
xlabel('longitude/^o'), ylabel('latitude/^o'), zlabel('deep/km')
alpha(0.8)
set(gca,'ZDir','reverse')
xlabel('Longitude /^o E'), ylabel('Latitude /^o N'), zlabel('Deep/km ')
grid on
box
axis([-116.7 -116.3 34.29 34.71])
hold off
figure;hold on
k=1;
for i = 1:max(size(group))
    gd = group{i}; gd_ori = km2ori(gd, trpar);
    gc = mean(gd)'; % 数据中心
    covg = cov(gd, 1);
    [Tg, Eg] = pcacov(covg);
    sd1 = sqrt(Eg(1)); sd2 = sqrt(Eg(2));%轴的长度
    n1 = Tg(:, 1); n2 = Tg(:, 2); % 主轴方向
    con1 = 1.96;%sqrt(3);% sqrt (12) 的一半 %利用 3sigma 更好
    ep1 = gc + con1*sd1*n1+con1*sd2*n2; ep2 = gc + con1*sd1*n1-con1*sd2*n2;
    %边界点
    ep3 = gc - con1*sd1*n1-con1*sd2*n2; ep4 = gc - con1*sd1*n1+con1*sd2*n2;
    ep1_ori = km2ori(ep1', trpar);ep2_ori = km2ori(ep2', trpar);ep3_ori =
```

```
km2ori(ep3', trpar);ep4_ori = km2ori(ep4', trpar);
        X = [ep1_ori(1); ep2_ori(1); ep3_ori(1); ep4_ori(1)]';
        Y = [ep1_ori(2); ep2_ori(2); ep3_ori(2); ep4_ori(2)]';
        Z = [ep1_ori(3); ep2_ori(3); ep3_ori(3); ep4_ori(3)]';
        % 绘制平面
        str = {'r','g','b','m','y','c','k','b','r','c','k','g','r','g','b','m',
'c','k'};
        fill3(Y, X, Z, str{i},  'FaceColor','yellow','LineWidth', 2)

        strtext = {'\bf A','\bf B','\bf C','\bf D','\bf E','\bf F','\bf G',...
            '\bf H','\bf I','\bf J','\bf K','\bf L','\bf M','\bf N','\bf O','\bf
P','\bf Q','\bf R','\bf S','\bf T'};
        text(ep4_ori(2), ep4_ori(1), ep4_ori(3), strtext(i),'fontsize', 14)
    end
    xlabel('longitude/^o'), ylabel('latitude/^o'), zlabel('deep/km')
    %axis([min(gd_ori(:, 1)) max(gd_ori(:, 1)) min(gd_ori(:, 2)) max(gd_ori(:,
2)) 0 40])
    grid on
    alpha(0.8)
    box
    axis([-116.7 -116.3 34.29 34.71])
    set(gca,'ZDir','reverse')
    xlabel('Longitude /^o E'), ylabel('Latitude /^o N'), zlabel('Deep/km ')
    hold off
    gn = max(size(group));
    L = zeros(gn, 1); W = L; H = L; strike = L;dip = L;
    centers = zeros(gn, 3);
    k=0;%Inddzxb = [4 3 2 1 5 7 6];
    for i = 1:max(size(group))
        gd = group{i};
        if size(gd, 1)>4
            k = k+1;
        %plot(gd(:, 1), gd(:, 2),'s','color', rand(1, 3))
        gc = mean(gd)'; % 数据中心
        covg = cov(gd, 1);
        [Tg, Eg] = pcacov(covg);
        L(i) = 2*con1*sqrt(Eg(1));
```

61

```
    W(i) = 2*con1*sqrt(Eg(2));
    H(i) = 2*con1*sqrt(Eg(3));
    [st di] = n2strdip(Tg(:, 3));
    strike(i) = st; dip(i) = di;
    gd_ori = km2ori(gd, trpar);
    centers(i,:) = mean(gd_ori);
    end
end
disp(sprintf('strike angle % 8.4f\n', strike*180/pi));
disp(sprintf('dip angle % 8.4f\n', dip*180/pi));
reind = [1 2 5 3 7 4 6];
str = strike*180/pi;strang = str(reind)
dia = dip*180/pi;dipang = dia(reind)
Length = L(reind), Width = W(reind)
toc
```

5.6　结果与讨论

这里将 GKFCM 模糊聚类方法用于断层面结构的确定中，可把 3 维震源点数据划分为明显的属于断层面的类. 在人工模拟数据测试中，算法表现出很高精度恢复存在断层面的能力. 于是把该方法用于 Landers 地震部分余震序列中，通过绘制地表映射图识别出已知的断层面和一些未知的隐伏断层. 这些断层的识别在地质构造研究上是有意义的. 虽然地震学家可以通过直接对小震分布情况的特征分析得出大致的结果，然而，该方法的优点是可以自动地刻画断层面的特征和属于它们的中心而不需要人工指定它们. 这种方法提供了断层的几何学特征、地震序列活动的活动范围.

在模糊聚类中，如果初始划分矩阵是随机给出的，得到的分类结果可能会略有不同. 由于上面方法编写的程序在当前普通计算机上运行较快（Landers 地震处理过程在笔者计算机上耗时 10 s 左右），可以在短时间内进行多次计算，取其中最好的结果. 如果根据小震分布预先人工给定一些断层面中心，构造初始划分矩阵，一般会收敛更快，效果更好.

考虑到地震预测和震灾评估，大地震附近区域关于断层网络结构的知识也会有助于检验关于应力传递作用的不同假设（Wan 等）.

目前有两种方法用来检验主破裂断层几何形态和余震空间位置之间的联系. 一是考虑余震所有平行于主断层的破裂断层. 二是假定破裂结构是优化定位的. 没有一种方法被证明是真实的（Steacy 等）. 因此本书认为准确地给出断层网络三维结构的图像构成了解释静态和动态地震触发和理解以几十年为尺度的断裂机制的重要的一步. 该方法在该方向提供了一个重要的参考.

拓展思考

使用小震分布丛集性来约束断层面的形状具有一定的物理依据,本章采用多个矩形平面来拟合断层面,作为真实断层面的一种近似描述,有一定的实际意义,但也有一些假设可能不够合理,主要是在给震源点定位时,深度方向的定位精度较低,断层面上下盘的余震个数不一定近似相同,这会导致拟合的断层面与实际断层面有一定误差,不过这也是目前条件下的一种较好的方法. 使用模糊聚类只是众多可能有核聚类方法中的一种,也可以尝试使用其他聚类方法.

本章参考文献

[1] 吕鹏,丁志峰,朱露培. 结合波形互相关的双差定位方法在 2008 年汶川地震余震序列中的应用[J]. 地震学报,2011,33(4):407–419.

[2] 万永革,沈正康,刁桂苓,等. 利用小震分布和区域应力场确定大震断层面参数方法及其在唐山地震序列中的应用[J]. 地球物理学报,2008,51(3):793–804.

[3] 万永革,吴忠良,周公威,等. 根据震源的两个节面的走向角和倾角求滑动角[J]. 地震地磁观测与研究,2000,21(5):26–30.

[4] 王福昌,曹慧荣,万永革. 线性 Errors-in-Variables 模型在确定汶川地震主震断层面中的应用[J]. 数理统计与管理,2010,29(3):381–390.

[5] 王福昌,万永革,胡顺田. 粒子群算法在主震断层面参数估计中的应用[J]. 地震研究,2008,31(2):149–154.

[6] 王鸣,王培德.1989 年 10 月 18 日大同—阳高地震的震源机制和发震构造[J]. 地震学报,1992,23(4):407–415.

[7] 于湘伟,陈运泰,张怀. 京津唐地区中小地震重新定位[J]. 地震学报,2010,32(3):257–269.

[8] 张广伟,雷建设,谢富仁,等. 华北地区小震精定位及构造意义[J]. 地震学报,2011,33(6):699–714.

[9] 朱艾斓,徐锡伟,胡平,等. 首都圈地区小震重新定位及其在地震构造研究中的应用[J]. 地质评论,2005,51(3):268–274.

[10] 朱艾斓,徐锡伟,周永胜,等. 川西地区小震重新定位及其活动构造意义[J]. 地球物理学报,2005,48(3):629–636.

[11] BABUŠKA R., VEEN P.J., KAYMAK U. Improved covariance estimation for Guastafson-Kessel clustering[C]. IEEE International Conference on Fuzzy System, Honolulu, 2002: 1081–1085.

[12] BENSAID A. M., HALL L O, BEZDEK J. C.,et al. Validity-guided (Re) Clustering with applications to image segmentation[J]. IEEE Transactions on Fuzzy System, 1996,4(2):

112−123.

[13] GUSTAFSON D. E., KESSEL W. C. Fuzzy clustering with a fuzzy covariance matrix[C]. Decision and control including the 17th symposium on adaptive processes, San Diego: 1978,17(2):761−766.

[14] LIN G Q. LSH: an earthquake relocation catalog using southern California pick and waveform data [EB/OL] [2011−11−11]. http://www.rsmas.miami.edu/personal/glin/LSH.html.

[15] LIN G Q, SHEARER P, HAUKSSON E. Applying a three-dimensional velocity model, waveform cross correlation, and cluster analysis to locate southern California seismicity from 1981 to 2005[J]. Journal of geophysical reseach 2007,112(B12):1-14.

[16] OUILLON G., DUCORBIER C., SORNETTE D. Automatic reconstruction of fault networks from seismicity catalogs: Three-dimensional optimal anisotropic dynamic clustering[J]. Journal of geophysical reseach, 2008, 113(B1): B01306.1~B01306.15.

[17] PAL N R, BEZDEK J C. On cluster validity for the fuzzy C-means model[J]. IEEE Transactions on Fuzzy Systems, 1995, 3(3): 370−379.

[18] SCHAFF P. D., WALDHAUSER F. Waveform cross-correlation-based differential travel-time measurements at the northern California seismic Network[J]. Bull. Seism. Soc. Am.,2005, 95(6): 2446–2461.

[19] STEACY, S., NALBANT, S. S. MCCLOSKEY J.,et al. Onto what planes should coulomb stress perturbations be resolved?[J]. Geophys. Res.,2005, 110,(B05S15):10.1029/ 2004JB003356.

[20] WALDHAUSE R F, ELLSWORTH W L. A double-difference earthquake location algorithm: method and application to the Northern Hayward fault, California[J]. Bulletin of the Seismological society of Amcrica, 2000, 90(6): 1353−1368.

[21] WAN Y G, SHEN Z K. Static coulomb stress changes on faults caused by the 2008 Mw7.9 Wenchuan, China earthquake[J], Tectonophysics, 2010, 491(1−4): 105−118.

[22] CHUNG K.F., WANG S. T., SHEN H B, et al. Note on the relationship between probabilistic and fuzzy clustering [J]. Soft Computing, 2004(8): 523−526.

[23] XIE X L, BENI G. A validity measure for fuzzy clustering[J]. IEEE Trans patternanal mach Intell. 1991, 13(8): 841−847.

第6章　模糊综合评价模型

6.1　模糊综合评价模型理论概述

6.1.1　综合评价模型应用背景

综合评价是依据被评价对象的特征信息，对被评价对象进行客观、公正、合理的全面评价. 通常来讲，综合评价面对的是对若干个同类的对象，每个对象有多个属性（指标），因此这类问题又称为多属性综合评价.

综合评价的目的是根据评价结果，对各评价对象按优劣进行排序或分类，因此综合评价模型主要用于多目标决策及相关的问题，在经济分析、灾害评估、危险性评价领域有重要的应用价值.

常用综合评价模型有层次分析法、综合指数法、数据包络分析法和模糊综合评价模型. 其中，模型综合评价法是应用模糊数学理论对受多因素影响的对象作全面、科学评价的一种十分有效的决策方法，其特点是以一个模糊集合来表示评价结果，用以表达结果的不确定性，模型具有良好的可移植性.

6.1.2　模糊数学基本理论

在现实世界中遇到的对象多是具有模糊、不确定性的，比如说"老人""新家具"，对于新和老的程度没有一个严格的界定，经典的集合论对这类在差异的中间过渡时所呈现的"亦此亦彼"性无法有效表达，而模糊数学可作为描述事物差异性的中间状态的一种有效的工具，是研究模型现象的定理方法.

集合论是现代数学的基础，相对模糊集合，普通的集合称为经典集合，可描述为：设论域（讨论范围）为 X，给定集合 $A \subseteq X$，对于 $\forall x \in X$，要么 $x \in A$，要么 $x \notin A$，二者必居其一，且必居其一. 也就是说：元素 x 要么属于集合 A（属于程度是 1）；要么不属于集合 A（属于程度是 0）.

用映射的方式定义集合如下.

定义 1：给定集合 A，确定一个映射 χ_A：

$$\chi_A : X \to \{0,1\}$$
$$x \mapsto \chi_A(x)$$

其中 $\chi_A(x) = \begin{cases} 1, x \in A \\ 0, x \notin A \end{cases}$，称 $\chi_A(x)$ 为集合 A 的特征函数.

根据上述定义，由 $\chi_A(x)$ 可以确定一个集合 $A = \{x \in X \mid \chi_A(x) = 1\}$.

定义 2：给定集合 $\tilde{A}$，确定一个映射 $\chi_{\tilde{A}}$：

$$\mu_{\tilde{A}}: X \to [0,1]$$

$$x \mapsto \mu_{\tilde{A}}(x)$$

称 $\mu_{\tilde{A}}$ 确定了 X 的一个模糊子集 $\tilde{A}$，$\mu_{\tilde{A}}$ 称为模糊集 $\tilde{A}$ 的隶属函数；$\mu_{\tilde{A}}(x)$ 称为 x 对 $\tilde{A}$ 的隶属度.

例：以人的年龄作为论域，模糊集 $\tilde{O}$ 表示"年老"，$\tilde{Y}$ 表示"年轻". 如果年龄范围取 $X = [0,150]$. 可按以下方式定义隶属函数.

年老的隶属函数：$\mu_{\tilde{O}} = \begin{cases} 0, & 0 \leqslant x \leqslant 50 \\ \left(1 + \left(\dfrac{x-50}{5}\right)^{-2}\right)^{-1}, & 50 < x \leqslant 150 \end{cases}$；

年轻的隶属函数：$\mu_{\tilde{Y}} = \begin{cases} 1, & 0 \leqslant x \leqslant 25 \\ \left(1 + \left(\dfrac{x-25}{5}\right)^{2}\right)^{-1}, & 25 < x \leqslant 150 \end{cases}$

隶属函数图像如图 6-1 所示.

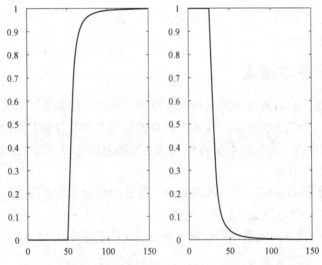

图 6-1　年老的隶属函数（左）和年轻的隶属函数（右）

常见的模糊分布隶属函数高斯型、S 形、Z 形、三角形、梯形隶属函数等，对于模糊集合的隶属函数的选择没有统一标准，原则上只要能够将描述集合表达清楚即可.

6.2　模糊综合评价模型构建方法

按确定的标准，对某个或某类对象中的某个因素或某个部分进行评价，称为单一评价；从众多的单一评价中获得对某个或某类对象的整体评价，称为综合评价. 综合评价模型的构建按以下步骤进行.

（1）确定评价对象的因素集 $U = \{u_1, u_2, \cdots, u_n\}$，其中 $u_i(i=1,2,\cdots,n)$ 表示评价对象的 n 个评价指标（因素）.

（2）给出评价集 $V = \{v_1, v_2, \cdots, v_m\}$，即确定对指标评价所使用的评价模糊集.

（3）单因素评价：即依次给出对评价对象的指标 $u_i(i=1,2,\cdots,n)$ 属于模糊 $v_j(j=1,2,\cdots,m)$ 的隶属度. 由此诱导出一个模糊关系矩阵，称为单因素评价矩阵.

如由 $U = \{u_1, u_2, u_3\}$ 和 $V = \{v_1, v_2, v_3, v_4\}$ 得到的单因素评价矩阵 $\boldsymbol{R}$ 为

$$\boldsymbol{R} = \begin{pmatrix} r_{11} & r_{12} & r_{13} & r_{14} \\ r_{21} & r_{22} & r_{23} & r_{24} \\ r_{31} & r_{32} & r_{33} & r_{34} \end{pmatrix}$$

（4）确定权重向量 $\tilde{w} = (w_1, w_2, \cdots, w_n)$，其中 $w_i(i=1,2,\cdots,n)$ 表示第 i 个因素在整体评价过程中所占的比重，满足 $\sum_{i=1}^{n} w_i = 1$.

（5）利用模糊合成运算对评价做出综合评价：

$$\tilde{B} = \tilde{w} \circ \boldsymbol{R}$$

"$\circ$"运算称作合成运算，依据问题不同合成运算选择的算法不同：如对应元素取小，再所有元素取大，或者对应元素乘积，所有元素取大.

6.3　基于模糊综合评价的道路震害预测评估模型

地震发生后，通往震区的道路会受到不同程度的损坏，影响运输能力，因此在震后对交通线中各段道路的损坏情况及运输功能进行评估十分必要. 考虑到影响道路运输功能的因素比较多，而道路的受损情况也要用多个状态来描述，因此用综合评价模型对道路运输功能进行科学评估是适合的.

交通系统的某段线路在地震后的损坏情况主要表现为：道路桥梁的损坏（U_1）、路基与路面的损坏（U_2）、路边环境破坏对道路的损坏（U_3）、道路隧道的损坏（U_4）. 因此在道路损坏情况的综合评价模型中可以建立 4 个主要元素的因素集：

$$U = \{U_1, U_2, U_3, U_4\} \tag{6-1}$$

相应的权重指数集：

$$A = \{a_1, a_2, a_3, a_4\} \qquad (6\text{-}2)$$

如果参考因素 U_i 下仍有子因素需要评估，即

$$U_i = \{U_1^{(i)}, U_2^{(i)}, U_3^{(i)}, U_4^{(i)}\}$$

则可建立相应的二级权重指数集：

$$A_i = \{a_1^{(i)}, a_2^{(i)}, a_3^{(i)}, a_4^{(i)}\}.$$

如将地震对道路的损坏程度大体上划分为：毁坏（记为 V_1），即交通线完全阻断，短期内不能修复使用；严重破坏（记为 V_2），主要结构受到严重破坏，短期内不能修复使用；中度破坏（记为 V_3），结构只是部分受损或破坏，短时期内能完全修好；轻度破坏（记为 V_4），结构没有被破坏，只是部分路面被破坏，运载力有所下降；基本完好（记为 V_5，对于运载力几乎没有影响）五种状态. 则在道路损坏情况的综合评价模型中道路功能的震后评价集可设为：

$$V = \{V_1, V_2, V_3, V_4, V_5\}$$

将中国地震烈度表中的平均震害指数按上述五个状态划分，并取其均值便可给出评价集的数量表示：

$$V = \{0.85, 0.6, 0.4, 0.2, 0.05\} \qquad (6\text{-}3)$$

如设 $r_{ij}(j=1,2,\cdots,5)$ 表示因素 U_i 所处的状态关于 V_i 的隶属度，则 $r_i = (r_{i1}, r_{i2}, \cdots, r_{i5})$ 是第 i 个因素 U_i 的单因素评价矩阵，是 V 上的一个模糊子集. 称矩阵：

$$R = (r_{ij})_{4\times 5} = \begin{pmatrix} r_{11} & r_{12} & \cdots & r_{15} \\ r_{21} & r_{22} & \cdots & r_{25} \\ \vdots & \vdots & & \vdots \\ r_{41} & r_{42} & \cdots & r_{45} \end{pmatrix} \qquad (6\text{-}4)$$

是道路损坏情况的综合评价模型的一级评价矩阵.

道路损坏情况的综合评价为：

$$B = A \circ R = \{b_1, b_2, b_3, b_4, b_5\} \qquad (6\text{-}5)$$

其中 $b_j = \max_j a_i r_{ij} (j=1,2,\cdots,5)$.

如果 $b_m = \max(b_j)$，则道路的损坏程度处于 V_m 所描写的状态. 若 $m \leqslant 2$，则表示道路受到严重破坏，而短时间内不能使用；否则，应对道路的运输功能进行评估，为此对 B 的元素做归一化处理，即令：

$$w_j = \frac{b_j}{\sum\limits_{i=1}^{5} b_i} \quad (j=1,2,\cdots,5) \qquad (6\text{-}6)$$

得到权重矩阵 $w = \{w_1, w_2, w_3, w_4, w_5\}$，则

$$q = wV^{\mathrm{T}} \qquad (6\text{-}7)$$

便是表示该路段损坏指数的模糊数 q，用以评价地震对其运输功能的影响.

6.4　基于模糊综合评价的道路震害预测评估实例

据陕西交通报第 675 期（2008 年 5 月 16 日）报道：5·12 汶川地震导致与震中相邻的汉中公路受到严重破坏，316 国道留坝段有 2 处塌方，一处 600 m³，另一处 700 m³，4 处桥梁、边坡出现险情；汉台路库区段发生塌方 10 余处，落石近 2 000 m³，汉台石门库区的虹桥和潘家河大桥分别出现不同程度的裂缝；城固、西乡路段有 8 处桥梁出现裂缝，汉中汉江大桥、城固汉江大桥也因地震造成安全隐患；316 国道河库区段因地震导致 30 多处边坡滚石 380 m³，两处山体滑塌 150 m³，距山体滑塌处 4 km 左右的路段又发生边坡滑塌，土石量约为 192 m³。本节将以上述报道的道路损坏数据作为综合评价的原始数据（以下简称原始数据）.

利用前述模糊综合评价模型讨论 316 国道的受损情况：给定的数据中没有公路隧道的数据，可以认为隧道是完好的. 因此因素集为

$$U = (U_1, U_2, U_3) \tag{6-8}$$

利用成对比较矩阵法可求得其权重模糊集为

$$A = \{0.539\,6, 0.297\,0, 0.163\,4\} \tag{6-9}$$

由于本例中 U_1 和 U_3 包含有多个因素，有必要引入二级因素.

1. 因素 U_1 的评价集

对于 U_1——公路桥梁：设 $u_1^{(1)}, u_2^{(1)}, u_3^{(1)}$ 分别表示大型桥、中型桥和小型桥，则二级因素为

$$\{u_1^{(1)}, u_2^{(1)}, u_3^{(1)}\} \tag{6-10}$$

相应权重指数集为

$$A_1 = \{0.6, 0.3, 0.1\} \tag{6-11}$$

对于 U_3——路边环境：设 $u_1^{(3)}, u_2^{(3)}$ 分别表示自然环境和人工环境，则其二级因素为

$$\{u_1^{(3)}, u_2^{(3)}\} \tag{6-12}$$

相应权重指数集为

$$A_3 = \{0.6, 0.4\} \tag{6-13}$$

将汉中汉江大桥和城固汉江大桥看成大型桥，地震造成"安全隐患"认为是"中度破坏"，虹桥和潘家河大桥出现不同程度的裂缝认为是中型桥被"中度破坏"，"4 处桥梁出现险情"和"8 处桥梁出现裂缝"认为是小型桥分别受到"中度破坏"和"轻度破坏". 则有二级评价矩阵：

$$R_1 = \begin{pmatrix} 0 & 0 & 1 & 0 & 0 \\ 0 & 0 & 1 & 0 & 0 \\ 0 & 0 & 0.33 & 0.67 & 0 \end{pmatrix} \tag{6-14}$$

对因素 U_1 的单因素评价集

$$r_1 = A_1 \circ R_1 = \{0, 0, 0.6, 0.067, 0\} \tag{6-15}$$

2. 因素 U_2 的评价集

假设塌方路基的修复每小时可完成 120 m³，如果一处的滑坡碎石能够在 30 min 内清理完毕，则认为该路段基本完好；如果能够在 2 h 左右清理完毕，则认为是轻度破坏；如果在 4 h 左右清理完毕，则认为是中度破坏；如果在 6 h 左右能清理完毕，则认为是严重破坏；否则认为是毁坏. 因为经验证明，随着塌方量（清理时间）的增加，破坏程度是呈指数增长的，故可以采用柯西分布型隶属函数

$$\mu(x) = \begin{cases} 0, & x = 0 \\ \dfrac{1}{1 + \alpha x^{-\beta}}, & x > 0, \alpha > 0, \beta > 0. \end{cases} \qquad (6-16)$$

来确定因素 U_2 的评价集. 参考评价集的量化标准，根据经验，当塌方量为 60 m³ 时，认为路基基本完好，当塌方量为 960 m³ 时认为路基被严重破坏，故有以下标准：

$$x = 60, \mu(x) = 0.05；x = 960, \mu(x) = 0.6$$

利用非线性方程组求解，可得式（6-16）中

$$\alpha = 2673.97，\beta = 1.21$$

塌方破坏程度隶属函数图像如图 6-2 所示.

利用隶属函数和原始数据（将"汉台路库区段发生塌方 10 余处，落石近 2 000 m³"看成是 10 个地方，每处平均 200 m³），可得 U_2 的单因素评价集 $r_2 = \{0, 0.083, 0.083, 0.834, 0\}$.

3. 因素 U_3 的评价集

假设路边滑坡的修复每小时可完成 80 m³，类似于 U_2 的单因素评价集的讨论取：

$$x = 40, \mu(x) = 0.05；x = 640, \mu(x) = 0.6，可解得$$

$$\alpha = 1638.32，\beta = 1.21 \qquad (6-17)$$

滑坡破坏程度隶属函数图像如图 6-3 所示.

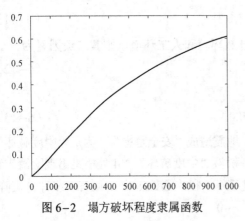

图 6-2 塌方破坏程度隶属函数

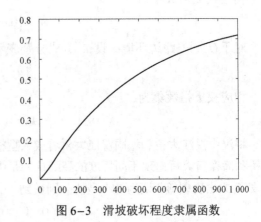

图 6-3 滑坡破坏程度隶属函数

利用隶属函数和原始数据，可得自然环境 $u_1^{(3)}$ 和人工环境 $u_2^{(3)}$ 的二级评价矩为

$$R_3 = \begin{pmatrix} 0 & 0 & 1 & 0 & 0 \\ 0 & 0 & 0 & 1 & 0 \end{pmatrix} \qquad (6-18)$$

得因素 U_3 的单因素评价集：

$$r_3 = A_3 \circ R_3 = \{0, 0, 0.6, 0.4, 0\}. \tag{6-19}$$

4. 综合评价

综合以上结论，可得 316 国道损坏情况的一级评价矩阵：

$$R = \begin{pmatrix} 0 & 0 & 0.6 & 0.067 & 0 \\ 0 & 0.083 & 0.083 & 0.834 & 0 \\ 0 & 0 & 0.6 & 0.4 & 0 \end{pmatrix} \tag{6-20}$$

316 国道损坏情况的综合评价

$$B = A \circ R = \{0, 0.025, 0.324, 0.248, 0\}$$

由于 $b_3 = \max(b_j)$，则知 316 国道处于中度损坏状态，需要进行一定的维修才能使用。实际上，这条公路是最先被抢修完成的公路，在抗震救灾过程中起了十分重要的作用。

如果对于多条类似公路进行评估，选择修复顺序，就需要对每条公路给出一个修复指数，以便于排序。为此，对 B 归一化可得

$$w = \{0, 0.041\,9, 0.542\,7, 0.415\,4, 0\} \tag{6-21}$$

进而得到 316 国道损坏指数的模糊数：

$$q = wV^{\mathrm{T}} = 0.325 < 0.6 \ （阈值） \tag{6-22}$$

道路损坏情况的多级模糊综合评价模型就多因素对震后交通线的受损状态给出了一个模糊评估，且给出了一个用模糊数 q 表示的损坏指数，其作为震后交通线受损坏程度的基本评价，为震后救援物资运输选择路线（或计算运输量）提供重要参考。

本章参考文献

[1] 孙振凯，毛国敏，邹其嘉. 唐山地震公路交通系统的震害统计[J]. 华南地震，1995，15（4）：35-42.

[2] 孙振凯，邹其嘉. 公路桥梁地震易损性和震后恢复过程[J]. 华南地震，1999，19（2）：62-70.

[3] 刘汝明. 云南公路的环境地质灾害及工程对策[J]. 中国地质灾害与防治学报，2002，13（1）：57-60.

[4] 董清林，杨绪连. 地震对公路的危害及防震原则[J]. 灾害学，2004，19（S1）：57-60.

[5] 何萍，李志强. 城市群震后交通快速评估研究：以珠江三角洲为例[J]. 中国地震，2005，21（3）：444-450.

[6] 姚清林. 优选地震救灾路径的图与模糊集算法[J]. 自然灾害学报，2006，15（2）：143-148.

[7] 赵成刚，张锐，杜修力. 珠江三角洲公路系统震害预测[J]. 华南地震，1995，15（3）：34-39.

[8] 罗承忠. 模糊集引论[M]. 北京：北京师范大学出版社，1991：251-263.

第7章 传染病传播的数学模型

随着现代医学的发展，诸如霍乱、天花、疟疾等曾经肆虐全球的传染性疾病已经得到有效的控制．一些新的、不断变异的传染病毒却悄悄向人类袭来．20世纪80年代，十分险恶的艾滋病毒开始肆虐全球，至今仍在蔓延．而且随着时间的推移，还会出现一些新的传染病，如SARS、埃博拉（Ebola）、新冠肺炎等．2003年春来历不明的SARS病毒突袭人间，给人们的生命财产带来极大的危害．截至2019年8月21日，刚果（金）已累计报告埃博拉确诊和可能病例2 934例，其中死亡病例1 965例．2020年初以来，新冠肺炎（COVID-19）疫情的传播给全世界人民带来了灾难．与此同时，一些常见的传染病也依然没有完全绝迹，一遇到合适的气候就会不断地暴发和流行，至今仍然威胁着人类．

有些传染病传染得很快，导致很高的致残率和死亡率，危害极大，因此运用数学建模知识，建立数学模型来描述传染病的传播机理，分析被感染人数的变化规律及探索控制传染病进一步扩散的手段就显得尤为重要．本章将介绍一般传染病传播机理，并给出应用案例．

7.1 经典微分方程模型

经典的传播模型大致将人群分为传播态 S，易感染态 I 和免疫态 R．S 表示该个体带有病毒的传播能力，一旦接触到易感染个体就会以一定概率导致对方成为传播态．I 表示该个体没有接触过病毒，容易被传播态个体感染．R 表示当经过一个或多个感染周期后，该个体永远不再被感染．

7.1.1 指数模型

为便于问题分析和讨论，假设时刻 t 的病人人数 $x(t)$ 是可微函数，并且每个病人的有效接触（足使人致病的接触）的人数为常数 λ，考察 t 到 $t+\Delta t$ 病人人数的增加，就有

$$x(t+\Delta t)-x(t)=\lambda x(t)\Delta t$$

再设 $t=0$ 时有 x_0 个病人，令 $\Delta t \to 0$，可得病人人数 $x(t)$ 变化的微分方程模型

$$\begin{cases} \dfrac{\mathrm{d}x}{\mathrm{d}t}=\lambda x \\ x(0)=x_0 \end{cases} \tag{7-1}$$

易得方程（7-1）的解为

$$x(t) = x_0 e^{\lambda t} \tag{7-2}$$

可见当 $\lambda > 0$ 时，随着 t 的增加，病人人数 $x(t)$ 无限增长，这显然是不符合实际的.

建模失败的原因在于：在病人有效接触的人群中，有健康人也有病人，而其中只有健康人才可以被传染为病人，所以在改进的模型中必须区别健康人和病人这两种人.

7.1.2　SI 模型

SI 模型考虑了最简单的情况，即一个个体被感染，就永远成为感染态，向周围邻居不断传播病毒等. 假设个体接触感染的概率为 β，总人数为 N，在各状态均匀混合网络中建立传播模型.

1. 模型假设

（1）在疾病传播期内所考察地区的总人数 N 不变，即不考虑生死，也不考虑迁移. 人群分为易感染者即健康人 S（susceptible）和已感染者即病人 I（infective）两类（取两个词的第一个字母，称之为 SI 模型），以下简称健康者和病人. 时刻 t 这两类人在总人数中所占比例分别记作 $s(t)$ 和 $i(t)$.

（2）每个病人每天有效接触的平均人数是常数 λ，λ 称为日接触率. 当病人与健康者接触时，使健康者受感染变为病人.

2. 建模与求解

根据假设，每个病人每天可使 $\lambda s(t)$ 个健康人变成病人，因为病人数为 $Ni(t)$，所以每天共有 $\lambda N s(t) i(t)$ 个健康者被感染，于是 λNsi 就是病人数 Ni 的增加率，即有

$$N \frac{\mathrm{d}i}{\mathrm{d}t} = \lambda Nsi \tag{7-3}$$

又因为
$$s(t) + i(t) = 1 \tag{7-4}$$

再记初始时刻 $t = 0$ 时病人的比例为 i_0，则

$$\begin{cases} \dfrac{\mathrm{d}i}{\mathrm{d}t} = \lambda i(1-i) \\ i(0) = i_0 \end{cases} \tag{7-5}$$

方程（7-5）是 Logistic 模型. 它的解为

$$i(t) = \frac{1}{1 + \left(\dfrac{1}{i_0} - 1 \right) e^{-\lambda t}} \tag{7-6}$$

$i(t) - t$ 和 $\dfrac{\mathrm{d}i}{\mathrm{d}t} - t$ 的图形如图 7-1 和图 7-2 所示.

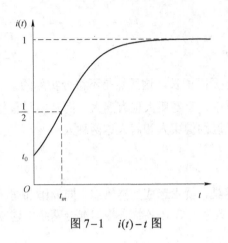

图 7-1　$i(t)-t$ 图

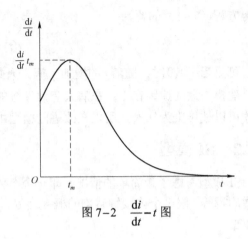

图 7-2　$\dfrac{\mathrm{d}i}{\mathrm{d}t}-t$ 图

3. 模型分析

由式（7-5）、式（7-6）及图 7-1、图 7-2 可知，

（1）当 $i=\dfrac{1}{2}$ 时，$\dfrac{\mathrm{d}i}{\mathrm{d}t}$ 达到最大值 $\left(\dfrac{\mathrm{d}i}{\mathrm{d}t}\right)_m$，这个时刻为

$$t_m = \lambda^{-1}\ln\left(\frac{1}{i_0}-1\right) \tag{7-7}$$

这时病人增加的最快，可以认为是医院的门诊量最大的一天，意味着传染病高潮的到来，是医疗卫生部门应该关注的时刻. t_m 与 λ 成反比，因为日接触率 λ 表示该地区的卫生水平，λ 越小卫生水平越高. 所以改善保健设施、提高卫生水平可以推迟传染病高潮的到来.

（2）当 $t \to \infty$ 时，$i \to 1$，即所有人终将被感染，全变为病人，这显然与实际情况不符. 其原因是模型中没有考虑到病人可以治愈，人群中的健康者只能变成病人，病人不会再变成健康者. 为了修正上述结果，必须重新考虑模型的假设，下面两个模型中讨论病人可以治愈的情况.

7.1.3　SIS 模型

有些传染病愈后免疫力极低，于是病人治愈后变成健康者，健康者还可以被感染变成病人，所以这个模型称为 SIS 模型.

1. 模型假设

模型的假设条件（1），（2）与 SI 模型相同，增加的条件为每天治愈的病人数占病人总数的比例为常数 μ，称为日治愈率. 病人治愈后成为仍可被感染的健康者. 显然 $1/\mu$ 是传染病的平均传染期.

2. 建模与求解

由上文模型假设可得

$$N\frac{\mathrm{d}i}{\mathrm{d}t} = \lambda N s i - \mu N i \tag{7-8}$$

可得微分方程

$$\begin{cases} \dfrac{\mathrm{d}i}{\mathrm{d}t} = \lambda i(1-i) - \mu i \\ i(0) = i_0 \end{cases} \tag{7-9}$$

先不去求式（7-9）的解析解，这里通过图形分析 $i(t)$ 的变化规律.

定义

$$\sigma = \frac{\lambda}{\mu} \tag{7-10}$$

注意 λ 和 $1/\mu$ 的含义，可知 σ 是整个传染期内每个病人有效接触的平均人数，称为接触数.

利用 σ，式（7-9）可以改写为

$$\frac{\mathrm{d}i}{\mathrm{d}t} = -\lambda i \left[i - \left(1 - \frac{1}{\sigma} \right) \right] \tag{7-11}$$

由式（7-11）先画出 $\dfrac{\mathrm{d}i}{\mathrm{d}t} - i$ 的图形（见图7-3、图7-4），再画出 $i-t$ 的图形（见图7-5、图7-6）.

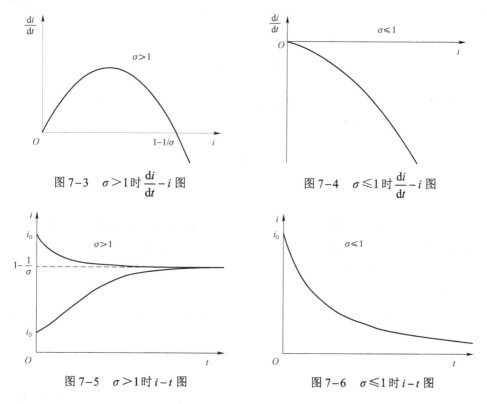

图7-3　$\sigma > 1$ 时 $\dfrac{\mathrm{d}i}{\mathrm{d}t} - i$ 图　　　　图7-4　$\sigma \leqslant 1$ 时 $\dfrac{\mathrm{d}i}{\mathrm{d}t} - i$ 图

图7-5　$\sigma > 1$ 时 $i-t$ 图　　　　图7-6　$\sigma \leqslant 1$ 时 $i-t$ 图

3. 模型分析

接触数 $\sigma = 1$ 是一个阈值. 当 $\sigma > 1$，$i(t)$ 的增减性取决于 i_0 的大小（见图7-5），但其极限值 $i(\infty) = 1 - \dfrac{1}{\sigma}$ 随着 σ 的增加而增加；当 $\sigma \leqslant 1$ 时，病人比例 $i(t)$ 越来越小，最终趋于 0，这

是由于传染期内经有效接触从而使健康者变成的病人不超过原来病人数的缘故. SI 模型可看作本模型的特例.

7.1.4　SIR 模型

大多数传染病如天花、流感、肝炎、麻疹等治愈后均有很强的免疫力，所以病愈的人既非健康者（易感染者），也非病人（已感染者），因此他们将被移除传染系统，称之为移除者（removed），记为 R 类.

1. 模型假设

（1）总人数 N 不变，人群分为健康者、病人和病愈免疫的移出者三类，称为 SIR 模型. 时刻 t 三类人在总人数 N 中占的比例分别记为 $s(t)$，$i(t)$ 和 $r(t)$.

（2）病人的日接触率为 λ，日治愈率 μ（与 SI 模型相同），传染期接触数为 $\sigma = \dfrac{\lambda}{\mu}$.

2. 建模与求解

在假设（1）中显然有：

$$s(t) + i(t) + r(t) = 1 \qquad (7-12)$$

对于病愈免疫的移出者的数量应为

$$N\frac{\mathrm{d}r}{\mathrm{d}t} = \mu N i \qquad (7-13)$$

不妨设初始时刻的健康者、病人的比例分别为 $s_0(s_0 > 0)$，$i_0(i_0 > 0)$，则由式（7-16）、式（7-12）、式（7-13），SIR 模型用微分方程组表示如下：

$$\begin{cases} \dfrac{\mathrm{d}i}{\mathrm{d}t} = \lambda s i - \mu i, i(0) = i_0 \\ \dfrac{\mathrm{d}s}{\mathrm{d}t} = -\lambda s i, s(0) = s_0 \end{cases} \qquad (7-14)$$

由于这是一个非线性方程组，故求解 $s(t), i(t)$ 的解析表达式非常困难. 这里先用数值计算来预估计 $s(t), i(t)$ 的一般变化规律. 在式（7-14）中设 $\lambda = 1$，$\mu = 0.3$，$i(0) = 0.02$，$s(0) = 0.98$，用 MATLAB 软件编程：

```
a=1;b=0.3;
sirequs=@(t, x)[a*x(1)*x(2)-b*x(1);-a*x(1)*x(2)];
ts=0:50;
x0=[0.20, 0.98];
[t, x]=ode45(sirequs, ts, x0);
subplot(1, 2, 1), plot(t, x(:, 1), t, x(:, 2))
text(1.1, 0.76,'-s(t)健康者比例')
text(6, 0.4,'-.i(t)病人比例')
subplot(1, 2, 2), plot(x(:, 2), x(:, 1))
```

输出的简明计算结果列入表 7-1. $i(t)$ 和 $s(t)$ 的变化如图 7-7 所示. 图 7-8 是 $i-s$ 图形，

称为相轨线，初值 $i(0)=0.02$ ， $s(0)=0.98$ 相当于图 7-9 中的 $P_i(i=1,2,3)$ 点，随着 t 的增加，(s,i) 沿轨线自右向左运动. 由表 7-1、图 7-7、图 7-8 可以看出， $i(t)$ 由初值增长至 $t=7$ 时达到最大值，然后减少， $t\to\infty$ ， $i\to 0$ ， $s(t)$ 则单调减少， $t\to\infty$ ， $s\to 0.0398$. 表 7-1 显示 $i(t)$ ， $s(t)$ 的数值计算结果.

表 7-1 病人 $i(t)$ 和健康者 $s(t)$ 变化

t	0	1	2	3	5	6	7	8
$i(t)$	0.020 0	0.039 0	0.073 2	0.128 5	0.279 5	0.331 2	0.344 4	0.324 7
$s(t)$	0.980 0	0.952 5	0.901 9	0.816 9	0.543 8	0.399 5	0.283 9	0.202 7
t	9	10	15	20	30	35	40	45
$i(t)$	0.286 3	0.241 8	0.078 7	0.022 3	0.001 7	0.000 5	0.000 1	0
$s(t)$	0.149 3	0.114 5	0.054 3	0.043 4	0.040 1	0.039 9	0.039 9	0.039 8

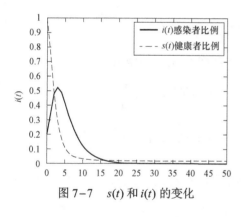

图 7-7 $s(t)$ 和 $i(t)$ 的变化

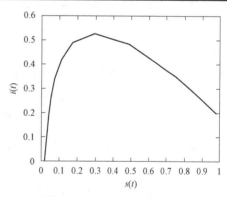

图 7-8 $s(t)$ 和 $i(t)$ 的相轨线图

为了分析 $i(t)$ ， $s(t)$ 的一般变化规律，需要进行相轨线分析.

3. 相轨线分析

在数值计算和图形观察的基础上，利用相轨线讨论解 $i(t)$ ， $s(t)$ 的性质. $s\sim i$ 平面称为相平面，相轨线在相平面上的定义域 $(s,i)\in D$ 为

$$D=\left\{(s,i)\,\middle|\,s\geqslant 0, i\geqslant 0, s+i\leqslant 1\right\} \tag{7-15}$$

在式（7-14）中消去 $\mathrm{d}t$ 并注意到 σ 的定义，可得

$$\frac{\mathrm{d}i}{\mathrm{d}s}=\left(\frac{1}{s\sigma}-1\right), i\big|_{s=s_0}=i_0 \tag{7-16}$$

容易求出式（7-16）的解为

$$i=(s_0+i_0)-s+\frac{1}{\sigma}\ln\frac{s}{s_0} \tag{7-17}$$

在定义域 D 内，式（7-16）表示的曲线即为相轨线，如图 7-9 所示. 其中箭头表示了随着时间 t 的增加， $s(t)$ 和 $i(t)$ 的变化趋向.

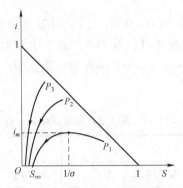

图 7-9　$s(t)$ 和 $i(t)$ 的相轨迹图

下面根据式（7-14）、式（7-17）和图 7-9 分析 $s(t)$，$i(t)$ 和 $r(t)$ 的变化情况（$t \to \infty$ 时它们的极限值分别记作 s_∞，i_∞ 和 r_∞.）

（1）不论初始条件 s_0，i_0 如何，病人将消失，即：$t \to \infty$，$i \to 0$.

（2）最终未被感染的健康者的比例是 s_∞，在式（7-17）中令 $i = 0$ 得到，s_∞ 是方程

$$(s_0 + i_0) - s_\infty + \frac{1}{\sigma} \ln \frac{s_\infty}{s_0} = 0$$

在 $(0, 1/\sigma)$ 内的根. 在图形上 s_∞ 是相轨线与 s 轴在 $(0, 1/\sigma)$ 内交点的横坐标.

（3）若 $s_0 > 1/\sigma$，则开始有 $\dfrac{\mathrm{d}i}{\mathrm{d}s} = \left(\dfrac{1}{s\sigma} - 1\right) > 0$，$i(t)$ 先增加，令 $\dfrac{\mathrm{d}i}{\mathrm{d}s} = \left(\dfrac{1}{s\sigma} - 1\right) = 0$，可得

当 $s = 1/\sigma$ 时，$i(t)$ 达到最大值：$i_m = (s_0 + i_0) - \dfrac{1}{\sigma}(1 + \ln \sigma s_0)$. 然后 $s < 1/\sigma$ 时，有

$\dfrac{\mathrm{d}i}{\mathrm{d}s} = \left(\dfrac{1}{s\sigma} - 1\right) < 0$，所以 $i(t)$ 减小且趋于零，$s(t)$ 则单调减小至 s_∞，如图 7-9 中由 $P_1(s_0, i_0)$ 出发的轨线.

（4）若 $s_0 \leqslant 1/\sigma$，则恒有 $\dfrac{\mathrm{d}i}{\mathrm{d}s} = \left(\dfrac{1}{s\sigma} - 1\right) < 0$，$i(t)$ 单调减小至零，$s(t)$ 单调减小至 s_∞，如图 7-9 中由 $P_2(s_0, i_0)$ 出发的轨线.

可以看出，如果仅当病人比例 $i(t)$ 有一段增长的时期才认为传染病在蔓延，那么 $1/\sigma$ 是一个阈值，当 $s_0 > 1/\sigma$（$\sigma > 1/s_0$）时传染病就会蔓延. 而减小传染期接触数 σ，即提高阈值 $1/\sigma$ 使得 $s_0 \leqslant 1/\sigma$（$\sigma \leqslant 1/s_0$），传染病就不会蔓延（健康者比例的初始值 s_0 是一定的，通常可认为 s_0 接近 1）. 并且，即使 $s_0 > 1/\sigma$，σ 减小时，s_∞ 增加（通过作图分析），i_m 降低，也控制了蔓延的程度. 可以看到，在 $\sigma = \lambda / \mu$ 中，人们的卫生水平越高，日接触率 λ 越小；医疗水平越高，日治愈率 μ 越大，于是 σ 越小，所以提高卫生水平和医疗水平有助于控制传染病的蔓延.

从另一方面看，$\sigma s = \lambda s \cdot 1 / \mu$ 是传染期内一个病人传染的健康者的平均数，称为交换数，其含义是一病人被 σs 个健康者交换. 所以当 $s_0 \leqslant 1/\sigma$ 即 $\sigma s_0 \leqslant 1$ 时，必有 $\sigma s \leqslant 1$. 交换数不超过 1，病人比例 $i(t)$ 绝不会增加，传染病不会蔓延.

4. 群体免疫和预防

根据对 SIR 模型的分析，当 $s_0 \leq 1/\sigma$ 时传染病不会蔓延. 所以为制止蔓延，除了提高卫生和医疗水平，使阈值 $1/\sigma$ 变大以外，另一个途径是降低 s_0，这可以通过如预防接种使群体免疫的办法做到.

忽略病人比例的初始值 i_0，有 $s_0 = 1 - r_0$，于是传染病不会蔓延的条件 $s_0 \leq 1/\sigma$ 可以表示为

$$r_0 \geq 1 - \frac{1}{\sigma}$$

这就是说，只要通过群体免疫使初始时刻的移出者比例（免疫比例）够大就可以制止传染病的蔓延.

这种办法生效的前提条件是免疫者要均匀分布在全体人口中，实际上这是很难做到的. 据估计当时印度等国天花传染病的接触数 $\sigma = 5$，至少要有 80% 的人接受免疫才行. 据世界卫生组织报告，即使花费大量资金提高 r_0，也因很难做到免疫者的均匀分布，使得天花直到 1977 年才在全世界根除. 而有些传染病的 σ 更高，根除就更加困难.

一种疾病的传播过程是一个非常复杂的过程，它受很多社会因素的制约和影响，如传染病人的多少，易受传染者的多少，传染率的大小，排除率的大小，人口的出生和死亡，还有人员的迁入和迁出，潜伏期的长短，预防疾病的宣传及人的个体差异等. 如何建立一个与实际比较吻合的数学模型，开始显然不能将所有因素都考虑进去. 为此，在实践操作中，必须从诸多因素中，抓住主要因素，去掉次要因素. 先把问题简化，建立相应的数学模型. 将所得结果与实际比较，找出问题，修改原有假设，再建立一个与实际比较吻合的模型. 从而使模型逐步完善. 7.2 节案例是一个由简单到复杂的建模过程，很有代表性.

7.2　新冠肺炎疫情实例

本节将介绍新冠肺炎的实际案例，从而更好地理解传染病模型. 新冠肺炎（COVID-19）疫情成为国人共同关注的议题，也正深刻影响着人类生活、出行、工作等各方面. 国内外很多学者也对该疫情给予了高度关注，并对疫情的发展趋势和发展现状做了一些统计学分析[1-5]. 用数学方法来研究传染病的传播准确性较高，能很好地研究各项政策对疾病传播的影响[6-7]. 考虑新冠病毒存在潜伏期、无症状特性，需要重新构建传染病传播模型. 长期以来，医学家、生物学家及数学家等社会各界一直关注如何有效地预测、防治、隔离受感染人群以达到有效的治疗. 中国各项强有力的措施对疫情的发展起到了很好的控制作用. 这里结合已有参考文献，针对新冠病毒传播特征，建立 SEI_1I_2Q 传染病传播模型，并研究其传播规律，同时以中国国内患病数据为例对模型结果做分析讨论[8-11].

7.2.1 模型建立及其稳定性

1. 模型建立

$S(t), E(t), I_1(t), I_2(t), R(t), Q(t)$ 分别为易感者、潜伏者、疑似患者、确诊患者、移除者（包括因病死亡和治愈者，假设治愈患者不再被感染）、隔离者，$S(t) + E(t) + I_1(t) + I_2(t) + R(t) + Q(t) = N(t)$. 其中，$\alpha_1$ 为移入人口数量中易感者比率，$1 - \alpha_1$ 为迁移人口中潜伏者比率，β_1，β_2 分别为潜伏者和疑似患者感染力（假设患病者全部被医院隔离不具备传播能力），d 为自然死亡率，μ_1, μ_2 分别为潜伏者转为疑似者和确诊患者的比率，m 为疑似者转为确诊患者的比率，b 为因病死亡率，η_1 为疑似患者被隔离的比率，r_2 为确诊患者被治愈的比率，μ_3 为隔离者被治愈的比率. 建立模型如下：

$$\begin{cases} \dfrac{dS}{dt} = \alpha_1 A - \beta_1 S(t) E(t) - \beta_2 S(t) I_1(t) - dS(t) \\[2mm] \dfrac{dE}{dt} = (1 - \alpha_1) A - dE(t) - (\mu_1 + \mu_2) E(t) + \beta_1 S(t) E(t) + \beta_2 S(t) I_1(t) \\[2mm] \dfrac{dI_1}{dt} = \mu_1 E(t) - dI_1(t) - \eta_1 I_1(t) - m I_1(t) \\[2mm] \dfrac{dI_2}{dt} = \mu_2 E(t) - dI_2(t) - b I_2(t) + m I_1(t) - r_2 I_2(t) \\[2mm] \dfrac{dR}{dt} = r_2 I_2(t) - dR(t) + \mu_3 Q(t) + b I_2(t) \\[2mm] \dfrac{dQ}{dt} = -dQ(t) - \mu_3 Q(t) + \eta_1 I_1(t) \end{cases} \tag{1}$$

由生物学意义，在闭集 $\Gamma = \{(S, E, I_1, I_2, R, Q) \in \mathbf{R}_+^6, 0 \leqslant S + E + I_1 + I_2 + R + Q \leqslant \dfrac{A}{d}\}$ 内研究系统即可，其中 R_+^6 表示正维空间. 考虑系统的实际意义，Γ 是系统（1）正向最大不变集.

2. 平衡点和基本再生数

显然，系统（1）在假设 $\alpha_1 = 1$ 时，有疾病消失的唯一无病平衡点 $\boldsymbol{P}^0 = \left(\dfrac{A}{d}, 0, 0, 0, 0, 0 \right)$，相应于疾病持续的地方病平衡点可记为 $\boldsymbol{P}^* = (S^*, E^*, I_1^*, I_2^*, R^*, Q^*)$，满足：

$$E^* = \frac{d + \mu_1 + m}{\mu_1} I_1^*, \quad R^* = \left(\frac{r_2 + b}{d} \frac{1}{d + b + r_2} \left(\frac{\mu_2(d + \eta_1 + m)}{\mu_1} + m \right) + \frac{\mu_3 \eta_1}{d(d + \mu_3)} \right) I_1^*,$$

$$S^* = \frac{A}{d} - \frac{(d + \eta_1 + m)(\mu_1 + \mu_2 + d)}{\mu_1 d} I_1^*, \quad I_2^* = \frac{1}{d + b + r_2} \frac{(d + \eta_1 + m)\mu_2 + m}{\mu_1} I_1^*, \quad Q^* = \frac{\eta_1}{d + \mu_3} I_1^*.$$

由崔玉美等人的研究结果[13]，得基本再生数为 $R_0 = \dfrac{\beta_1 A(d + \eta_1 + m) + \beta_2 \mu_1 A}{d(d + \eta_1 + m)(d + \mu_1 + \mu_2)}$.

3. 平衡点全局渐近稳定性

利用波动理论证明系统无病平衡点的全局渐近稳定性.

引理 1： 当 $R_0 < 1$ 时，仅存在无病平衡点 $\boldsymbol{P}^0$，且 $\boldsymbol{P}^0$ 局部渐近稳定.

引理 2： 设 $x(t)$ 是 $[0, +\infty)$ 上的有界可微函数，存在序列 $\tau_n \to \infty, \sigma_n \to \infty$ 使得对所有的 $n \to \infty$ 有（1）$x'(\tau_n) \to 0, x(\tau_n) \to \limsup\limits_{t \to \infty} x(t) = x$，（2）$x'(\sigma_n) \to 0, x(\sigma_n) \to \liminf\limits_{t \to \infty} x(t) = x$.

定理 1　当 $R_0 < 1$ 时，无病平衡点全局渐近稳定.

证明： 首先证明当 $R_0 < 1$ 时，$\limsup\limits_{t \to \infty} E(t) = 0$，即要证明 $E^{\infty} = E_{\infty}$. 假设 $E^{\infty} > 0$，根据波动理论系统（1）的 3 式有

$$\begin{cases} \dfrac{\mu_1}{d + \eta_1 + m} E_{\infty} \leqslant I_1^{\infty} \leqslant \dfrac{\mu_1}{d + \eta_1 + m} E^{\infty} \\[3mm] \dfrac{\mu_1}{d + \eta_1 + m} E_{\infty} \leqslant I_{1\infty} \leqslant \dfrac{\mu_1}{d + \eta_1 + m} E^{\infty} \end{cases}$$

结合系统（1）的第（2）式和引理（2）可以得到 $(R_0 - 1)E^{\infty} \geqslant 0$，由 $R_0 < 1$ 从而可得 $E^{\infty} \leqslant 0$ 与假设矛盾，故 $\lim\limits_{t \to \infty} E(t) = 0$. 显然易得 $\boldsymbol{P}^0$ 是 $R_0 < 1$ 时系统（1）的全局吸引子，因此是全局渐近稳定的.

由于系统（1）的前 3 个方程与 Q, R 无关，因此先考虑前 4 个方程构成的子系统：

$$\begin{cases} \dfrac{\mathrm{d}S}{\mathrm{d}t} = \alpha_1 A - \beta_1 S(t)E(t) - \beta_2 S(t)I_1(t) - \mathrm{d}S(t) \\[3mm] \dfrac{\mathrm{d}E}{\mathrm{d}t} = (1 - \alpha_1)A - dE(t) - (\mu_1 + \mu_2)E(t) + \beta_1 S(t)E(t) + \beta_2 S(t)I_1(t) \\[3mm] \dfrac{\mathrm{d}I_1}{\mathrm{d}t} = \mu_1 E(t) - dI_1(t) - \eta_1 I_1(t) - mI_1(t) \\[3mm] \dfrac{\mathrm{d}I_2}{\mathrm{d}t} = \mu_2 E(t) - dI_2(t) - bI_2(t) + mI_1(t) - r_2 I_2(t) \end{cases}$$

容易证明 $\Gamma_1 = \left\{ (S, E, I_1, I_2) \in \mathbf{R}_+^4 \middle| 0 \leqslant S + E + I_1 + I_2 \leqslant \dfrac{A}{d} \right\}$ 是系统的正向不变集，当 $R_0 > 1$ 时，系统存在正平衡点 (S^*, E^*, I_1^*, I_1^*)，根据 Routh-Hurwitz 判定法则系统在平衡点处局部渐近稳定.

定理 2　当 $R_0 > 1$ 时，系统正平衡点 $(S^*, E^*, I_1^*, I_1^*, R^*, Q^*)$ 全局渐近稳定.

证明： 为证明系统的全局稳定性，对系统做变换，令 $\tau = \mathrm{d}t$，$v = \dfrac{A}{d}$，$\dfrac{\beta_1}{d} = u_1$，$\dfrac{\beta_2}{d} = u_2$，

$\dfrac{\alpha_1}{d} = a_1$，$\dfrac{1 - \alpha_1}{d} = a_2$，$\dfrac{\mu_1}{d} = u_1$，$\dfrac{\mu_2}{d} = u_2$，$\dfrac{\eta_1}{d} = n$，$\dfrac{m}{d} = M$，$\dfrac{b}{d} = \sigma$，$\dfrac{r_2}{d} = \theta$，$x = \dfrac{d}{A}S$，$y = \dfrac{d}{A}E$，

$z = \dfrac{d}{A}I_1$，$w = \dfrac{d}{A}I_2$，则系统的稳定性与下面系统等价：

$$\begin{cases} \dfrac{dx}{d\tau} = a_1 - vu_1xy - vu_2xz - x \\[2mm] \dfrac{dy}{d\tau} = a_2 - (1+u_1+u_2)y + u_1vxy + u_2vxz \\[2mm] \dfrac{dz}{d\tau} = u_1y - (1+n+M)z \\[2mm] \dfrac{dw}{d\tau} = u_2y - (1+\sigma+\theta)w + Mz \end{cases}$$

再做变换将 $z_1 = z + w$，则上面系统可变为三维系统稳定性等价问题. 根据比较原理，可得以下系统

$$\begin{cases} \dfrac{dx}{d\tau} = a_1 - vu_1xy - x \\[2mm] \dfrac{dy}{d\tau} = a_2 - (1+u_1+u_2)y + u_1vxy + u_2vxz_1 \\[2mm] \dfrac{dz_1}{d\tau} = (u_1+u_2)y - Tz_1 \end{cases}$$

$T = \min\{(1+n),(1+\sigma+\theta)\}$，易得 $\Gamma_2 = \{(x,y,z_1) \in \mathbf{R}_+^3 \big| 0 \leqslant x + y + z_1 \leqslant 1\}$ 是上述系统正向不变集，且 $\boldsymbol{P}_* = (x^*, y^*, z_1^*)$ 存在，$R_0 > 1$ 时系统存在唯一的平衡点，且雅可比矩阵为

$$J(\boldsymbol{P}) = \begin{bmatrix} -u_1vy-1 & -u_1vx & 0 \\ u_1vy+u_2vz_1 & u_1vx-1-u_1-u_2 & u_2vx \\ 0 & u_1+u_2 & -T \end{bmatrix}$$

系统二阶复合矩阵为

$$J^{[2]}(\boldsymbol{P}) = \begin{bmatrix} -u_1vy+u_1vx-2-u_1-u_2 & u_2vx & 0 \\ u_1+u_2 & -T-u_1vy-1 & -u_1vx \\ 0 & u_1vy+u_2vz_1 & u_1vx-1-u_1-u_2-T \end{bmatrix}$$

根据上式及已有文献[9]，设 $\boldsymbol{P}(x,y,z_1) = \begin{bmatrix} z_1 & 0 & 0 \\ 0 & y & 0 \\ 0 & y & y \end{bmatrix}$，则 $\boldsymbol{P}_f\boldsymbol{P}^{-1} = \mathrm{diag}\left\{\dfrac{z_1'}{z_1}, \dfrac{y'}{y}, \dfrac{y'}{y}\right\}$，矩阵 $\boldsymbol{B} = \boldsymbol{P}_f\boldsymbol{P}^{-1} + \boldsymbol{P}J^{[2]}(\boldsymbol{P})\boldsymbol{P}^{-1}$ 可以写成分块矩阵形式

$$\boldsymbol{B} = \begin{bmatrix} \boldsymbol{B}_{11} & \boldsymbol{B}_{12} \\ \boldsymbol{B}_{21} & \boldsymbol{B}_{22} \end{bmatrix},$$

其中，$\boldsymbol{B}_{11} = \left[\dfrac{z'}{z} - u_1vy + u_1vx - 2 - u_1 - u_2\right]$，$\boldsymbol{B}_{12} = \left[\dfrac{u_2vxz}{y} \quad 0\right]$，$\boldsymbol{B}_{21} = \begin{bmatrix} \dfrac{(u_1+u_2)y}{z_1} \\[2mm] \dfrac{(u_1+u_2)y}{z_1} \end{bmatrix}$，

$$B_{22} = \begin{bmatrix} \dfrac{y'}{y} - T - u_1 vy - 1 & -u_1 vx \\[2mm] u_2 vz + u_1 + u_2 & \dfrac{y'}{y} - 1 - u_1 - u_2 - T \end{bmatrix}$$

选择 $|(u,v,w)| = max\{|u|, |v| + |w|\}$ 为 $\mathbf{R}^3$ 中的范数，μ 是关于 $\mathbf{R}^3$ 范数的 Lozinskiǐ 测度，根据 Lashari 等人的研究结果[10]，可估计

$$\mu(B) \leqslant \sup\{g_1, g_2\}, \quad g_1 = \mu_1(B_1) + |B_{12}|, \quad g_1 = |B_{21}| + \mu_1 |B_{22}|.$$

$|B_{12}|, |B_{21}|$ 是关于矩阵范数，μ_1 是对应 Lozinskiǐ 测度.

$$\mu_1(B_{11}) = \frac{z'}{z} - u_1 vy + u_1 vx - 2 - u_1 - u_2, \quad |B_{12}| = \frac{u_2 vxz}{y}, \quad |B_{21}| = \frac{(u_1 + u_2)y}{z_1}. \text{ 从而}$$

$$\mu_1(B_{22}) < \frac{y'}{y} - T - 1 + u_2 vz + u_1 + u_2.$$

根据系统可得 g_1，g_2 分别满足 $g_1 < \dfrac{y'}{y} + \dfrac{z'}{z} - 1, g_2 < \dfrac{y'}{y} + \dfrac{z'}{z} - 1 - T + u_2 v + u_2 + u_1$.

令 $\varepsilon = 1 + T - u_2 v - u_2 - u_1 \geqslant 0$，则 $\mu(B) < \dfrac{y'}{y} + \dfrac{z'}{z} - \varepsilon$，则存在 $T > 0$，对所有的 $t > T$ 有

$$\frac{1}{t} \int_0^t \mu(B) \, \mathrm{d}s \leqslant \frac{1}{t} \int_0^T \mu(B) \, \mathrm{d}s + \frac{1}{t} \log \frac{y(t)}{y(T)} + \frac{1}{t} \log \frac{y(t)}{y(T)} - \varepsilon.$$

从而可得 $q_2 \leqslant -\dfrac{\varepsilon}{2} < 0$，由此得正平衡点的全局渐近稳定性[11]. 实际上，由文献[12]可知地方病平衡点是全局渐近稳定的，不再赘述.

7.2.2 数值模拟

通过数值模拟讨论系统的动力学特征. 设置文中各参数取值，以新冠病毒在中国的传播为例，根据官方公布的数据，笔者记录整理每天确诊患者、疑似患者、死亡患者，根据疫情发展情况分析疾病传播特征.

1. 数据取值处理

以全国数据为例，从 2020 年 1 月 19 日到 2 月 9 日公布数据，全国人口总数为 13.900 8 亿，按官方认知，一般认为 12 月 30 日为首例，本模型从 1 月 19 日开始计算，考虑到疫情发现时已经隐匿传播一段时间，假设初始潜伏者 15，患病者 1，采用倒退法，用 $A/d = 1\,390\,800\,000$，由已有结果可得我国人口自然死亡率 d 取值为 0.007 11，因此假设观察期为 60 日，由于以全国为例，因此没有输入性 $\alpha_1 = 1$ 潜伏者病例，$A = 9\,888\,588/1\,390\,800\,000$，初始值设为[10 600 000 15 0 1 0 0]，潜伏期平均为 7 天，因此设 $\mu_1 = 0.14$，潜伏者转化为 确诊者 一般时间设为 3 天，比率 $\mu_2 = 0.33$，$m = 0.95$，根据报告有轻症或疑似患者未被隔离，因此设 $\eta_1 = 0.6$，$\mu_3 = 0.8$，$\beta_1 = 0.8$，$\beta_2 = 0.3$，$b = 0.023\,3$，$\mu_3 = 0.8$，治愈率计算方法依然取记录数据平均值 $r_2 = 0.032\,9$. 这种情况相当于潜伏者感染率很高，在大众不知

情且自身也不知情的情况下，导致患病者短时间内上涨至高峰期，各变量变化趋势如图7-10（图形显示，将易感者数量做了万倍放缩处理，后图同）.

根据报告数据，从2021年1月22日起有死亡病例报告，取1月22日到2月9日死亡病例与当天患病人数平均值为因病死亡率.

2. 系统参数变化对系统的影响

为讨论不确定参数对系统的影响，首先假设潜伏期患者的感染力对系统的影响，分别取0.1，0.5，0.9，得模拟图（见图7-11）.

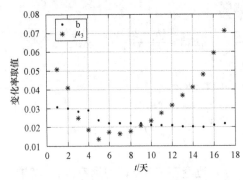
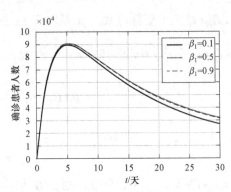

图7-10　全国死亡率、治愈率数据图　　图7-11　确诊患者随潜伏者感染率关系图

从图7-11可见，潜伏期感染率的影响主要体现在高峰过后疫情的发展上，随潜伏期感染率越来越大，高峰过后的患病者回落将会越来越慢，疫情持续时间要逐渐加长，对总体确诊患者的数量影响力度不太明显.

接下来考察疑似患者的感染力，分别假设疑似患者感染力β_2为$0.1,0.5,0.9$，确诊患者患病人数变化趋势如图7-12所示. 从图7-12易见，随着疑似患者感染率越来越高，疫情暴发峰值也会越来越高，且后续回落的时间也会越来越慢，给疫情防控带来的难度也越来越大.

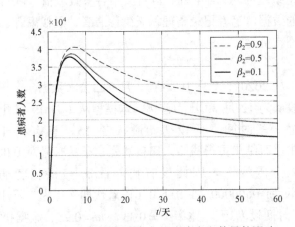

图7-12　疑似患者感染率对确诊患者数量的影响

假设政策和媒体的宣传力度对患病者具备影响力，本次模拟主要体现在易感者暴露比

率的区别，随着广大民众在家自行隔离，有效阻断传染源的扩散，有效减少了易感者暴露比例，分别改变初始值，如果初始暴露易感者分别为 0.9、0.6、0.4、0.1，确诊人数变化趋势如图 7–13 所示.

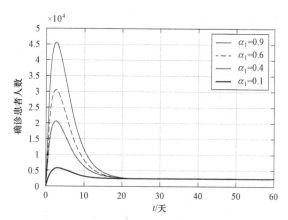

图 7–13　改变初始值后的确诊人数变化趋势

从图 7–13 可见，随着易感者暴露者比例的逐渐减少，疫情峰值越来越小，且疫情消亡的时间会越来越快，造成的损失也会越来越小. 由此可见，有关部门倡导的减少出行，甚至个别地区采取封锁措施将有效控制疫情的蔓延.

为验证隔离措施的有效性，分别假设疑似患者被有效隔离的比率 $\eta_1=0.1, 0.3, 0.6, 0.9$，所得确诊患者变化图（见图 7–14）. 易见随着隔离比例的逐渐升高，峰值将会越来越低，患病者人数将会越来越少. 在全民参与的隔离措施之下，相信疫情的控制要更加有利.

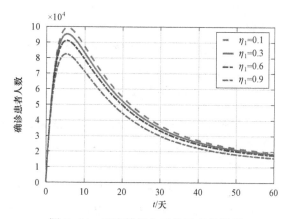

图 7–14　隔离措施与确诊患者的关系

3. 对全国疫情的发展影响

按照上文所得数据对此次疫情进行简单分析探讨. 所得模型中各变量的变化趋势如图 7–15 所示.

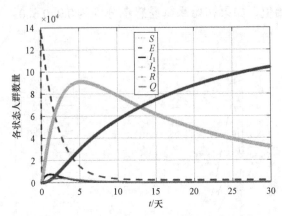

图7-15　无干预情况下各变量变化趋势图

模型对应参数取 $\alpha_1=1, \beta_2=0.1, \eta_1=0.9, b=0.3$. 而实际情况是在政策及时有效干预应对之下，潜伏期感染率下降、易感者暴露率人群有效减少、疑似患者隔离导致疑似感染率大幅下降，所得模型变量变化趋势如图7-16所示.

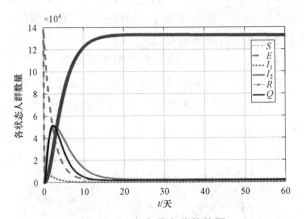

图7-16　各变量变化趋势图

从图7-16可见，无干预状态下疫情的发展近乎失控，移除者数量大幅度增加，意味着因病死亡人数及治愈者人数之和将大幅增长，无论是哪种，都意味着人民的人身安全或国家财政由于治疗等费用造成很大损失.

最后，对全国现存确诊病例数实际数值进行反向拟合，通过理论结果和实际结果对照图（见图7-17），拟合效果较好，可看出大概在2020年2月8日现存患者数量较少趋势逐渐明朗，因此有理由认为拐点已经到来. 但是患病高峰期大概在2月底到来，如果因为流动人口数据加大等原因，可能疫情高峰的到来还需要更长一些. 实际情况是随着我国疫情的逐渐好转，国外形式逐渐严峻起来，境外输入压力逐渐增大，这也导致我国实际现存患病者数据要比预测略多.

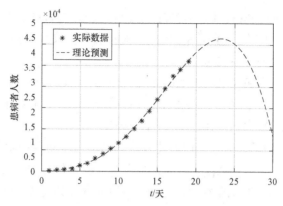

图 7-17　理论预测和实际数据对照图

7.2.3　结论与讨论

本节主要针对一类潜伏期有传染性的传染病模型进行了动力学行为分析, 讨论了系统的基本再生数, 以及无病平衡点和地方病平衡点的稳定性, 并以新冠肺炎全国患者数据为例进行了讨论. 研究所得结论如下: ① 基本再生数 $R_0 < 1$, 疾病一定会消亡, 重点在于疾病持续时间, 以及顶峰何时到来的问题. 文中主要讨论了系统的基本再生数, 以及无病平衡点和地方病平衡点的稳定性, 并以新冠肺炎疫情为例, 对模型进行了检验, 讨论分析. ② 文中所建模型主要针对一类潜伏期有传染性的传染病模型的动力学行为做了分析讨论, 并以新冠肺炎全国患者数据为例进行了对比, 所得结论对某种具备此类特征的传染病传播规律提供一些参考. 值得注意的是, 每种疫情从发生到发展过程, 很多参数是会变化的, 如随着医疗水平及治疗经验的提升治愈率有提升的趋势, 另外, 感染力在强大的媒体宣传力度及政府强有力的隔离防疫措施下, 疫情的发展也会有积极的一面, 结果会比理论意义下有更好的倾向, 疫情防控效果会显现得更快更好. ③ 只有当 $\alpha_1 = 1$ 时, 系统有疾病消失的唯一无病平衡点 $\boldsymbol{P}^0 = \left(\dfrac{A}{d}, 0, 0, 0, 0, 0 \right)$, 也进一步说明在疫情防控问题中, 人口流动对疫情的影响, 只要流动人口中有潜伏者或患病者都会给疫情发展带来不利影响, 因此从这个角度来看, 国家强有力的隔离措施及流动人口的追踪调查都是很有必要的. ④ 文中所建模型设置转换系数为常数, 所得结论与实际数值之间会有出入, 预测准确性还有待进一步确认. 在实际中, 很多参数可能会与时间有关, 如治愈率、人口流动等, 那么系统将会变为非自治系统, 系统的行为将会更加复杂, 对于其复杂动力学行为, 可待后续做深入研究讨论.

本章参考文献

[1] Y. LIU, GAYLE A. A, SMITH A. W, et al, The reproductive number of COVID-19 is higher compared to SARS coronavirus[J]. Journal of travel medicine. 2020,27(2).

[2] TAN W J. ZHAO X, Ma X J, et al. A novel coronavirus genome identified in a cluster of

pneumonia cases-Wuhan, china 2019—2020[J]. China CDC Weekly, 2020(2): 61−62.

[3] 范如国，王奕博，罗明，等．基于 SEIR 的新冠肺炎传播模型及拐点预测分析[J]．电子科技大学学报，2020，49（3）：369−374.

[4] WU J T, LEUNG K, LEUNG G M. Nowcasting and forecasting the potential domestic and international spread of the 2019−nCoV outbreak originating in Wuhan China: a modelling study[J]. The lancet, 2020: 395（10225）：689−697.

[5] 曹盛力，冯沛华，时朋朋．修正 SEIR 传染病动力学模型应用于湖北省 2019 冠状病毒病（COVID−19）疫情预测和评估[J]．浙江大学学报（医学版），2020，49（2）：178−184.

[6] 赵英英，胡华．带有标准发生率和信息干预的随机时滞 SIRS 传染病模型的动力学行为[J]．应用数学和力学，2019，40（12）：1373−1388.

[7] 王冰杰．基于潜伏期有传染力的 SEIR 传染病模型的控制策略[J]．东北师大学报（自然科学版），2014，46（1）：28−32.

[8] 马知恩，周义仓，王稳地，等．传染病动力学的数学建模与研究[M]．北京：科学出版社，2004.

[9] 陈中祥．一类潜伏期与传染期均传染的 SEIQR 传染病模型[J]．数学理论与应用，2010，30（2）：23−29.

[10] LASHARI A. A., OZAIR M., ZAMAN G., et al. Global analysis of a host-vector model with infectious force in latent and infected period. Acta analysis functionalis applicata, 2012, 14(4): 321−329.

[11] MULDOWNEY J S. Compound matrices and ordinary differential equations[J]. Rocky mountain J. math, 1990, 20（4）：857−872.

[12] THIEME H R. Convergence results and Poincare-Bendixson trichotomy for asymptotically autonomous differential equations[J]. Journal of mathematical biology, 1992, 30（7）：755−763.

[13] 崔玉美，陈姗姗，傅新楚．几类传染病模型中基本再生数的计算[J]．复杂系统与复杂性科学，2017，14（4）：14−31.

附：程序

函数：

```
dx=wuhan(t, x, bt1)
af1=0.99;%外来人口中易感者比率
A=1060;%外来人口人数
%bt1=0.15;%潜伏期感染率
bt2=0.65;%疑似患者感染率
d=0.00711;%自然死亡率
mu1=0.85;%潜伏者转为疑似患者比率
mu2=0.65;%潜伏者转为确诊患者比率
it1=0.8;%疑似者被隔离的比率
```

```
m=0.85;%%疑似者转为确诊患者比率
b=0.0233;%确诊者被治愈的比率
r2=0.0329;%确诊者因病死亡比率
mu3=0.3;%隔离者被移除的比率
%%下面是政策实施后的数据,用完可以注释掉
%af1=1;bt2=0.1;it1=0.9;b=0.3;
%%全国数据拟合修改
%af1=0.9;bt1=0.3;bt2=0.6;mu1=0.5;mu2=0.6;mu3=0.5;b=0.14;m=056;r2=0.4;
 dx=zeros(6, 1);
dx(1)=af1*A-bt1*x(1)*x(2)-bt2*x(1)*x(3)-d*x(1);
dx(2)=(1-af1)*A-d*x(2)-(mu1+mu2)*x(2)+bt1*x(1)*x(2)+bt2*x(1)*x(3);
dx(3)=mu1*x(2)-d*x(3)-it1*x(3)-m*x(3);
dx(4)=mu2*x(2)-d*x(4)-b*x(4)+m*x(3)-r2*x(4);
dx(5)=r2*x(4)-d*x(5)+mu3*x(6)+b*x(4);
dx(6)=-d*x(6)-mu3*x(6)+it1*x(3);
主程序:
[t, x]=ode45('wuhan',[0, 50], x0);
% figure;
%plot3(x(:, 1), x(:, 2), x(:, 3));grid on;
%plot(t, x(:, 6))
%plot(x(:, 2), x(:, 3))
 %(有参数变化)
%a=[0.01 0.02 0.03 0.06 0.08 0.1]
%for jj=1:6
%[t, x]=ode45(@wuhan,[0, 50], x0,[], a(jj));
%plot(t, x(:, 3))
%hold on
```

第8章　模糊推理及其在震害预测中的应用

8.1　模糊推理基本理论

模糊推理系统就是将给定输入通过模糊逻辑的方法映射到一个特定的输出空间的计算系统[13], 其核心是模糊规则库. 模糊规则库是由若干个形如

$$\text{if}\quad x_1是A_1,\ x_2是A_2,\cdots,x_n是A_n,\qquad \text{then}\qquad y是B$$

的规则组成, 其中 $A_i(i=1,2,\cdots,n)$ 是输入模糊语言, B 是输出模糊语言, 然后通过模糊推理机将规则库中的模糊 if – then 规则转换成某种映射, 从而完成推理计算. 李洪兴教授[14]研究表明, 目前常用的模糊推理算法都可归结为某种插值方法, 并且满足泛逼近性, 这为模糊推理应用于系统预测提供了理论依据.

常用的模型推理系统为 Mamdani 型和 Takagi-Sugeno 型. 其中 Mamdani 型的推理系统是模糊推理系统中应用比较广泛的模型, 系统的设计有 5 个环节: 输入输出变量模糊化、输入模糊集合的合成运算、模糊蕴涵运算、输出结果的合成计算和去模糊化.

（1）输入输出变量模糊化: 即确定输入变量 x_i 对应模糊集 A_i 的隶属函数和输出变量 y_i 对应模糊集 B_i 的隶属函数, $i=1,2,\cdots,n$. 以便将输入变量由实值变为模糊值.

（2）输入模糊集合的合成运算: 如果是多变量输入, 模糊化后, 要对多个变量进行综合考虑和分析, 这就需要输入模糊集合的合成运算. 本章取合成运算算子为"取小运算 $\wedge$".

（3）模糊蕴涵运算: 就是各条模糊规则的表示问题, 即输入模糊集通过一定算子按推理规则, 表示成输出模糊集的运算. 本章模糊蕴涵算子取"取小运算 $\wedge$".

（4）输出结果的合成运算: 对于所有模糊规则的输出模糊集进行综合, 得到一个输出模糊集过程. 本章中输出的合成结果运算取"取大运算 $\vee$".

（5）去模糊化: 将输出模糊集合按一定方法变为确定数值的过程. 本章去模糊化方法取"面积中心法 centroid".

Takagi-Sugeno 型的推理系统是模糊推理系统中比较特殊的一类, 其后项结论 B 不是模糊值, 而是 y 关于 x_i 的线性组合, 即规则形式如下:

$$\text{if}\quad x_1是A_1,\ x_2是A_2,\cdots,x_n是A_n,\qquad \text{then}\qquad y=c_0+\sum_{i=1}^{n}c_ix_i$$

其中 $c_i(i=0,1,2,\cdots,n)$ 是待定参数, 即此系统是通过线性模型内插的方式来对非线性系统建

模. Takagi-Sugeno 型的推理系统结构如图 8-1 所示.

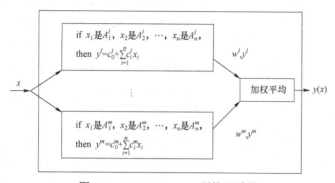

图 8-1　Takagi-Sugeno 型推理系统

一般模糊推理系统的设计有 5 个过程：输入变量模糊化、输入模糊集合的合成运算、推理规则之间的模糊蕴涵计算、输出结果的合成计算和去模糊化. 由于 Takagi-Sugeno 型模糊推理系统的输出量是输入变量的线性函数，因此在此系统中不同推理规则之间的蕴涵计算将被省略，同时输出结果的合成计算和去模糊化两过程可由对各个规则对应结果的加权平均来完成，其中权重 $w^l, l=1,2,\cdots,n$ 是通过 x_i 对模糊集 $A_i^k, k=1,2,\cdots,m$ 的隶属度来确定的. 综上所述，在 MATLAB 软件平台上来完成 Takagi-Sugeno 型模糊推理系统的搭建只需完成以下工作.

（1）输入变量模糊化：即确定输入变量 x_i 对应模糊集 A_i 的隶属函数，$i=1,2,\cdots,n$.

（2）输入模糊集合的合成运算：按图 8-1 所示推理系统，$A_i\,(i=1,2,\cdots,n)$ 之间的合成运算采用 MATLAB 平台默认的"与操作（and）".

（3）确定第 l 条规则的输出 $y^l = c_0^l + \sum_{i=1}^{n} c_i^l x_i\ (l=1,2,\cdots,m)$：本章将通过最小二乘拟合的方法来求待定系数 $c_i^l, i=0,1,\cdots,n\,; l=1,2,\cdots,m$.

以上是对 Takagi-Sugeno 型推理系统的简单介绍，本章 8.2 节将以此为基础，通过对整理数据的信息挖掘，建立以震级和震源深度为输入量，以震中烈度为输出量的 Takagi-Sugeno 型推理预测模型.

8.2　基于 Takagi-Sugeno 型模糊推理的四川地区震中烈度预测模型

由于烈度与地质构造、土质条件、地下水分布和岩石破裂错动方向等因素有关，所以具有相同参数的地震在不同地区产生的烈度不尽相同，故研究某一地区的震例数据来预测此地区的烈度才是有意义的. 本章对文献[15, 16]中关于川渝地区震例数据进行整理，得表 8-1. 并以此为基础来建立川渝地区的震中烈度预测模糊推理模型.

表 8-1 川渝地区震例数据

编号	地震日期	震中位置		震级	震源深度	震中烈度	编号	地震日期	震中位置		震级	震源深度	震中烈度
		北纬	东经						北纬	东经			
1	1960.11.09	32.7°	103.7°	6.75	20	9.0	31	1985.03.29	29.41°	105.00°	4.8	7	7.0
2	1966.06.27	31.6°	104.2°	4.8	46	6.0	32	1985.05.23	29.73°	102.64°	3.9	14	5.0
3	1970.02.24	30.65°	103.28°	6.2	15	7.0	33	1985.05.30	30.15°	102.85°	3.6	12	5.1
4	1970.03.22	31.63°	104.03°	4.8	16	5.9	34	1985.05.30	28.78°	103.83°	3.6	33	4.9
5	1971.08.16	28.88°	103.78°	5.9	24	7.1	35	1985.12.12	29.11°	104.84°	3.7	19	4.1
6	1972.04.08	29.6°	101.8°	5.2	28	6.0	36	1986.02.26	30.28°	106.99°	3.1	8	6.0
7	1972.09.27	30.4°	101.7°	5.6	13	7.0	37	1986.03.07	29.74°	104.86°	2.5	2	5.0
8	1973.02.06	31.3°	100.7°	7.6	11	10.0	38	1986.03.18	26.69°	103.08°	4.6	15	6.0
9	1973.06.29	28.9°	103.7°	5.4	10	6.0	39	1986.03.25	27.14°	102.99°	4.5	15	5.1
10	1973.08.11	32.9°	104.1°	6.5	19	7.0	40	1986.04.28	29.02°	104.76°	4.5	10	5.0
11	1974.09.23	33.8°	102.6°	5.6	12	7.0	41	1986.05.27	30.27°	103.29°	3.8	31	5.1
12	1975.12.04	28.7°	105.2°	4.6	17	6.0	42	1986.07.10	27.45°	101.48°	4.9	31	6.0
13	1976.08.16	32.6°	104.1°	7.2	15	9.0	43	1986.08.06	30.71°	103.74°	4.0	7	5.0
14	1976.08.23	32.5°	104.3°	7.2	23	8.1	44	1986.08.07	29.30°	100.85°	5.5	11	7.0
15	1976.11.07	27.6°	101.1°	6.7	21	9.0	45	1986.08.12	27.48°	101.47°	5.4	6	7.0
16	1976.12.13	27.4°	101.0°	6.4	21	8.0	46	1986.11.10	31.03°	103.89°	4.0	27	5.0
17	1977.01.13	28.2°	102.5°	4.8	18	5.1	47	1986.12.04	32.42°	104.52°	3.7	13	6.0
18	1980.02.02	27.85°	101.29°	5.8	16	6.0	48	1987.12.29	31.76°	103.80°	3.8	14	5.1
19	1981.01.24	31.01°	101.11°	6.9	12	8.1	49	1988.04.15	26.36°	102.76°	5.4	9	6.9
20	1982.03.02	30.03°	102.81°	4.4	15	4.0	50	1988.06.02	30.61°	101.49°	5.0	9	6.0
21	1982.06.16	31.96°	100.03°	6.0	15	7.0	51	1988.04.25	30.46°	103.27°	4.6	13	6.0
22	1982.09.26	29.73°	100.44°	4.6	15	5.0	52	1989.03.01	31.5°	102.49°	5.0	13	6.0
23	1983.03.12	31.41°	104.16°	4.2	36	5.0	53	1989.04.16	29.99°	99.23°	6.6	12	8.0
24	1983.08.12	32.12°	108.13°	4.4	15	5.0	54	1989.04.25	30.05°	99.42°	6.6	7	8.0
25	1983.10.18	30.30°	103.08°	4.1	17	5.0	55	1989.06.09	29.34°	102.38°	5.0	9	7.0
26	1983.12.05	30.59°	108.42°	3.7	19	5.0	56	1989.09.22	31.58°	102.51°	6.5	12	8.0
27	1984.11.12	28.76°	103.78°	4.0	33	4.0	57	1989.11.20	29.91°	106.85°	5.3	23	7.0
28	1985.02.04	29.61°	102.42°	3.4	18	5.0	58	1990.01.15	30.63°	103.31°	4.7	21	6.0
29	1985.02.20	29.14°	104.75°	4.1	17	5.0	59	1990.08.04	29.54°	103.29°	4.7	14	6.0
30	1985.03.15	26.97°	101.47°	4.4	30	6.0	60	1990.08.18	27.03°	101.23°	4.8	17	6.0

按 Takagi-Sugeno 型推理系统框架，对震中烈度预测模型的规则定义为以下形式：

if 震级 x 是 A_i，震源深度 y 是 B_j，then 烈度 $z_{ij} = a_{ij}x + b_{ij}y + c_{ij}$

其中 A_i 是对震级的分类模糊集，参考相关震级分类条件和本章数据特征，将震级分为四类，表示为：$A = \{A_1, A_2, A_3, A_4\} = \{$有感地震，中强地震，强震，巨震$\}$；$B_j$ 为震源深度的分类模糊集，由于震源深度在 60 km 内的浅源地震发震频率最高，而地震灾害的主要制造者是震源深度在 30 km 内的地震，同时参考本章数据特征，将浅源地震分为 3 类，表示为：$B = \{B_1, B_2, B_3\} = \{$浅，中，深$\}$.

8.2.1　构建输入模糊集隶属函数

为使输入模糊集隶属函数能准确描述变量，对原始震级数据统计分析，得表 8-2. 由于原始数据中没有关于巨震的资料，所以表 8-2 中的第五列数据中均值取参考数据均值，方差取强震方差.

表 8-2　震级分类统计分析

	A_1：有感地震 参考范围：$3 < x \leqslant 4.5$	A_2：中强地震 参考范围：$4.5 < x \leqslant 6$	A_3：强震 参考范围：$6 < x \leqslant 8$	A_4：巨震 参考范围：$8 < x \leqslant 10$
分类数据均值	3.947 6	5.107 7	6.762 5	9
分类数据方差	0.376 3	0.436 3	0.398 4	0.398 4

取震级模糊集隶属函数为 Π 型，原则上隶属度为 1 的范围是以均值为中心，宽度为方差的区域，所得震级分类模糊集的隶属函数图像如图 8-2 所示.

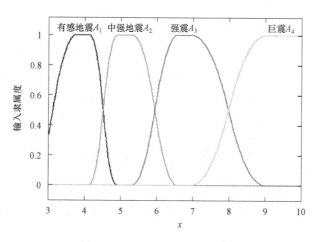

图 8-2　震级分类隶属函数图像

对原始震源深度数据统计分析，得表 8-3. 取震源深度模糊集隶属函数为 Π 型，同样：原则上隶属度为 1 的范围是以各类数据均值为中心，宽度为方差的区域，所得震级分类模糊集的隶属函数图像如图 8-3 所示.

表 8-3　震源深度分类统计分析

	B_1：震源浅 参考范围：$0 < y \leqslant 15$	B_2：震源中 参考范围：$15 < y \leqslant 30$	B_3：震源深 参考范围：$30 < y \leqslant 60$
分类数据均值	11.515 2	20.523 8	35
分类数据方差	3.279 9	4.020 2	5.692 1

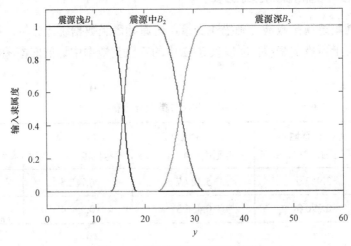

图 8-3　震源深度隶属函数图像

8.2.2　确定推理规则的输出函数

依震中烈度预测模型规则：if 震级 x 是 A_i，震源深度 y 是 B_j，　then 烈度 $z_{ij} = a_{ij}x + b_{ij}y + c_{ij}$，$(i = 1, 2, 3, 4; j = 1, 2, 3)$，要确定输出函数 z_{ij}，首先依据 8.2.1 节中对震级 A_i 和震源深度 B_j 划分情况对原始数据进行分类，并计算各类数据的震级、震源深度和烈度的均值. 如果分类数据个数小于 3，则用平均增长率来修正烈度均值，例如，A_2 和 B_3 确定的分类数据只有 2 个，则取 A_2 对 A_1 相应于同一震源深度 B_j 的烈度均值的平均增长率为 $\frac{1}{2}\left(\frac{6.46 - 5.13}{5.13} + \frac{6.122\ 2 - 5.014\ 3}{5.014\ 3}\right) \approx 24\%$，进而将 A_2 和 B_3 确定分类数据的烈度均值修正为 $4.75 \times 1.24 = 5.89$；同理，A_3 和 B_3 确定分类数据对应的烈度均值平均增长率同取 31.3%，由于 A_4 和 B_j 确定的各类均无原始统计数据，可取其对应的烈度平均增长率与 A_3 相同，为 31.3%. 通过上述计算可完成表 8-4.

表 8-4　数据分类统计

	B_1：浅 参考范围：$0<y\leq15$			B_2：中 参考范围：$15<y\leq30$			B_3：深 参考范围：$30<y\leq60$		
A_1：有感地震 参考范围：$0<x\leq4.5$	4.400 0	15.000 0	4.000 0	3.700 0	19.000 0	4.100 0	4.000 0	33.000 0	4.000 0
	4.400 0	15.000 0	5.000 0	4.100 0	17.000 0	5.000 0	3.600 0	33.000 0	4.900 0
	3.900 0	14.000 0	5.000 0	3.700 0	19.000 0	5.000 0	4.200 0	36.000 0	5.000 0
	4.500 0	10.000 0	5.000 0	3.400 0	18.000 0	5.000 0	3.800 0	31.000 0	5.100 0
	4.000 0	7.000 0	5.000 0	4.100 0	17.000 0	5.000 0	分类数据均值：		
	3.600 0	12.000 0	5.100 0	4.000 0	27.000 0	5.000 0	3.900 0	33.250 0	4.750 0
	4.500 0	15.000 0	5.100 0	4.400 0	30.000 0	6.000 0			
	3.800 0	14.000 0	5.100 0	分类数据均值：					
	3.100 0	8.000 0	6.000 0	3.914 3	21.000 0	5.014 3			
	3.700 0	13.000 0	6.000 0						
	分类数据均值：								
	3.990 0	12.300 0	5.130 0						
A_2：中强地震 参考范围：$4.5<x\leq6$	4.600 0	15.000 0	5.000 0	4.800 0	18.000 0	5.100 0	4.800 0	46.000 0	6.000 0
	5.400 0	10.000 0	6.000 0	4.800 0	16.000 0	5.900 0	4.900 0	31.000 0	6.000 0
	4.600 0	15.000 0	6.000 0	5.200 0	28.000 0	6.000 0	分类数据均值：		
	5.000 0	9.000 0	6.000 0	4.600 0	17.000 0	6.000 0	4.850 0	38.500 0	6.000 0
	4.600 0	13.000 0	6.000 0	5.800 0	16.000 0	6.000 0			
	5.000 0	13.000 0	6.000 0	4.700 0	21.000 0	6.000 0			
	4.700 0	14.000 0	6.000 0	4.800 0	17.000 0	6.000 0			
	5.400 0	9.000 0	6.900 0	5.300 0	23.000 0	7.000 0			
	5.600 0	13.000 0	7.000 0	5.900 0	24.000 0	7.100 0	烈度均值：5.89		
	5.600 0	12.000 0	7.000 0	分类数据均值：					
	6.000 0	15.000 0	7.000 0	5.100 0	20.000 0	6.122 2			
	4.800 0	7.000 0	7.000 0						
	5.500 0	11.000 0	7.000 0						
	5.400 0	6.000 0	7.000 0						
	5.000 0	9.000 0	7.000 0						
	分类数据均值：								
	5.146 7	11.400 0	6.460 0						
A_3：强震 参考范围：$6<x\leq8$	6.200 0	15.000 0	7.000 0	6.500 0	19.000 0	7.000 0			
	6.600 0	12.000 0	8.000 0	6.400 0	21.000 0	8.000 0			
	6.600 0	7.000 0	8.000 0	7.200 0	23.000 0	8.100 0			
	6.500 0	12.000 0	8.000 0	6.750 0	20.000 0	9.000 0			
	6.900 0	12.000 0	8.100 0	6.700 0	21.000 0	9.000 0	烈度均值：7.734		
	7.200 0	15.000 0	9.000 0	分类数据均值：					
	7.600 0	11.000 0	10.000 0	6.710 0	20.800 0	8.220 0			
	分类数据均值：								
	6.800 0	12.000 0	8.300 0						
A_4：巨震 参考范围：$8<x\leq10$	烈度均值：10.897 9			烈度均值：10.792 9			烈度均值：10.154 7		

对表 8-4 中各类数据做以下处理: 如果分类中原始数据个数大于等于 3, 通过拟合得到输出函数 z_{ij}; 否则, z_{ij} 取修正后的烈度均值, 进而可得推理规则输出函数见表 8-5.

表 8-5　推理规则输出函数

	B_1: 浅	B_2: 中	B_3: 深
A_1: 有感地震	$z_{11} = -0.771\,6x - 0.019\,3y + 8.445\,9$	$z_{12} = 0.646\,5x + 0.042\,5y + 1.591\,8$	$z_{13} = -0.802\,2x + 0.073\,1y + 5.447\,0$
A_2: 中强地震	$z_{21} = 0.720\,6x - 0.074\,2y + 3.630\,7$	$z_{22} = 0.613\,0x + 0.042\,8y + 2.139\,4$	$z_{23} = 5.89$
A_3: 强震	$z_{31} = 1.888\,3x - 0.016\,5y - 4.317\,2$	$z_{32} = 0.404\,8x + 0.098\,8y + 3.448\,8$	$z_{33} = 7.734$
A_4: 巨震	$z_{41} = 10.90$	$z_{42} = 10.79$	$z_{43} = 10.15$

在完成输入模糊集隶属函数和推理规则库的确定后, 以 MATLAB 软件环境为平台, 按文献[13]中的模糊推理系统构建方法, 即可完成基于 Takagi-Sugeno 型模糊推理的震中烈度预测模型.

8.2.3　模型检验分析

首先根据表 8-1 中的数据, 用拟合的方法得到参考文献[8]的震中烈度预测模型:

$$z = 1.6070 + 1.0714x - 0.2881\ln(y - 1.9181)$$

为了验证推理模型的有效性和强健性, 利用原始数据, 分别对本章的推理模型和拟合方法得到的模型进行统计检验分析, 得表 8-6. 统计数据反映出推理预测模型与拟合模型相比有以下优点: ① 在进行高精度预测 (误差小于 6%) 时差别不大, 略优, 但精度稍降一些后, 推理模型预测准确率会明显提高; ② 推理模型预测结果误差均值 0.361 5 和误差标准差 0.470 8 均小于拟合模型相应数据, 说明推理模型系统误差小, 预测结果更加稳定; ③ 相关系数对比表明, 与拟合模型相比, 推理模型预测结果与实测数据有更高的线性相关性.

表 8-6　模型统计数据对比

	本章推理模型	拟合模型
预测误差小于 10% 的数据个数	35	34
预测误差小于 10% 的数据个数	50	42
误差绝对值均值	0.361 5	0.433 9
误差绝对值标准差	0.470 8	0.578 5
与原始数据的相关系数	0.936 2	0.901 7

为进一步说明推理模型的有效性，以汶川地震进行实例验证，汶川地震的震级为 8.0，震源深度为 14 km，利用推理模型预测的震中烈度为 10.67，拟合模型预测的震中烈度为 9.46，而实际的震中烈度为 11，相较于拟合预测模型，基于 Takagi-Sugeno 型模糊推理的震中烈度预测模型更为准确，且精度更高.

8.2.4　总结与展望

模糊推理是以规则为核心，因此通过以下工作将会使模型具有更好的效率：其一，在构建规则过程中适当加入经验知识，预测结果会更加合理；其二，适当增加规则的数量，可以进一步提高预测精度，减小误差；其三，由于规则库中的每条规则是相互独立的，因此通过修正每条规则不合理的地方即可达到优化模型的目的，即通过局部微调可达到全局优化的目的.

由于以模糊推理为基础的预测分析理论在不断完善，同时研究一些新方法相继被提出，由此本章所建的模型具有良好的扩展性，可为相关问题的研究提供较为有价值的参考.

本章参考文献

[1] 李山有，金星，陈先，等. 地震动强度与地震烈度速报研究[J]. 地震工程与工程振动，2002，22（6）：1-7.

[2] 苏经宇，周锡元，谭健. 地震烈度的模糊预测模型[J]. 地震学报，1991，13（3）：387-394.

[3] 冯德益，林命周，吴国有，等. 地震烈度的两种模糊评定方法[J]. 地震工程与工程振动，1989，9（2）：45-56.

[4] 王虎栓. 地震烈度物理标准研究[J]. 中国地震，1994，10（3）：197-205.

[5] 万召侗，曾心传，罗奇峰，等. 中强地震区地震烈度统计拟合因素评估[J]. 防灾减灾工程学报，2005，25（4）：406-411.

[6] 秦嘉政. 云南地震烈度与震级的统计分析[J]. 地震研究，1992，15（1）：37-45.

[7] 马骏驰，窦远明，苏经宇，等. 东南沿海地区震级与震中烈度的统计关系[J]. 世界地震工程，2005，21（4）：119-122.

[8] 杜兴信. 中小地震（2.0≤Ms≤5.5）烈度的某些统计律[J]. 中国地震，1997，13（1）：74-81.

[9] 张建福，成小平，姜立新，等. 基于面积统计的震后烈度评估[J]. 自然灾害学报，2005，14（1）：76-81.

[10] 张瑞波. 模糊数学在地震震中烈度预测中的应用：以山西省为例[J]. 山西师大学报（自然科学版），1995，9（4）：61-64.

[11] 黄崇福. 模糊人工神经元网络在地震工程中的应用[J]. 地震工程与工程振动，1993，13（2）：84-93.

[12] 王海超. 震级与震中烈度转换方法的进一步研究[J]. 燕山大学学报, 1999, 23 (1): 85–87.

[13] 吴晓莉, 林哲辉. Matlab 辅助模糊系统设计[M]. 西安: 西安电子科技大学出版社, 2002.

[14] 李洪兴. 模糊控制的插值机理[J]. 中国科学 E 辑: 技术科学, 1998, 28 (3): 259–267.

[15] 四川省地震局地震简目编辑组, 云南省地震局地震简目编辑组, 西藏自治区地震办公室地震简目编辑组. 西南地震简目 (川、滇、黔、藏) [M]. 成都: 四川科学技术出版社, 1988.

[16] 国家地震局. 中国地震烈度区划图 (1990) 概论[M]. 地震出版社, 1996.

第9章 元胞自动机理论及其在
人员疏散模型中的应用

大型公共场所（比如学校）具有人员密度大的特点，研究当灾害发生时如何将公共场所中的大量人员安全、快速地疏散，是制订公共场所紧急情况应对预案时需要考虑的重要内容. 为制订行之有效的疏散预案，从 20 世纪 80 年代开始，人们就开始通过计算机模拟疏散过程来获取相关数据. 根据对疏散环境划分的方法不同，模拟疏散模型可分为网络模型和网格模型. 网格模型[1, 2]的优势在于表现个体的行为，但是它忽略了个体主观智能作用对疏散行为的影响. 为此以网格模型为基础，利用元胞自动机（cellular automaton，CA）能够考虑个体更多的行为细节，注重个体特性和个体间相互作用这一特点，建立基于元胞自动机的大型公共场所疏散模型是研究疏散问题的一个重要方向.

文献[3]通过引入网格参数来描述建筑物的固有特征和个体在模拟运动中的相互作用，将整个疏散过程比较清晰地描述出来. 文献[4, 5]对疏散过程中个体从众行为，以及引导人员位置对于疏散过程与疏散时间的影响做了比较深入的研究. 文献[6]通过引入高度属性来描述具有阶梯的三维空间的人群疏散过程. 文献[7]主要研究了出口宽度与逃生速度之间的关系.

现有的 CA 疏散模型主要研究单出口场所，本章将对多出口的 CA 疏散模型进行系统研究，并且通过引入适当的参数来体现疏散过程中个体决策的主观智能作用，从而使模拟疏散过程更加合理化.

9.1 元胞自动机基本理论

元胞自动机作为一种具有时空动态特征的空间动力学方法最早被 von Neumann 提出，它具有空间离散性与齐性、时间离散性、状态离散和有限性、同步性、局部性等基本特征. 元胞自动机模型主要由元胞状态集、邻居和局部规则组成，每个元胞在局部规则和邻居元胞状态共同作用下产生新的状态，所有元胞的状态都是同步更新. CA 的基本更新规则是：第 i 个元胞在 $t+1$ 时刻的状态由第 i 个元胞在 t 时刻的状态及其邻居在 t 时刻的状态共同决定，即 $S_{t+1} = f(S_t, N)$，其中 S 为元胞的有限状态集，$S = \{S_0, S_1, \cdots, S_k\}$，$k \in \mathbf{Z}$；$N$ 表示第 i 个元胞的所有邻居元胞所构成的集合，$N = \{C_1, C_2, \cdots, C_n\}$，$n$ 表示邻居元胞总数，f 表示将 S_t 映射到 S_{t+1} 的状态转移函数. CA 中的两种常用邻居为 von Neumann 型和 Moore 型，如图 9-1 和图 9-2 所示.

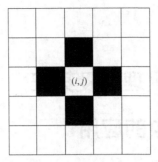
图 9-1　von Neumann 型邻居（$r=1$）

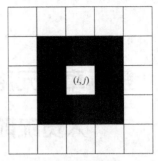
图 9-2　Moore 型邻居（$r=1$）

CA 模型按照局部规则来实现个体的相互作用，以此来模拟具有复杂关系的非线性物理现象，其优势在于能够反映出局部变化带来的进一步的反馈作用，从而更好地来模拟现实系统中的突变、自组织等特性. CA 模型现已被成功应用于疾病研究、城市发展、交通流研究等各个方面.

9.2　基于元胞自动机的多出口人员疏散模型

9.2.1　模型假设

CA 人员疏散模型的基本框架主要由疏散场所、人员和疏散环境构成，本节将以学校教室为背景建筑，以学生作为疏散人员，模拟当紧急情况发生时，多出口场所人员疏散情况.

（1）网格划分. 对教室的平面空间以二维平面为基础，进行均匀的网格划分，每个网格对应一个元胞，参考密集人流中典型的人员空间分配标准[1]，每个元胞对应 0.4 m×0.4 m 的空间.

（2）网格属性. 在某一时刻 t，每个网格可能被墙、障碍物（如课桌）或人占据，也可能为空或是出口. 本节设定以教室为背景的疏散场所如图 9-3 所示，教室的两个门位于图的下方，教室的座椅在人站起后自动折叠，不占空间.

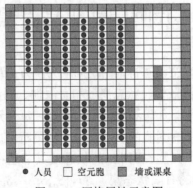

●人员　□空元胞　■墙或课桌
图 9-3　网格属性示意图

（3）人员特性. 按一般规律，在同一教室上课的学生年龄相仿，故人员特性只按男和女分成两类. 设定教室里面有 80 个学生，紧急疏散前全部坐在自己的座位上.

（4）时间步长. 基于所有元胞状态是按规则同步更新，故规定在每个时间步长里每个人员只能移动一个网格. 根据紧急情况下的拥挤状态[13]，人的行走速度约为 $0.667\,\mathrm{m/s}$，以及每个元胞对应的空间为 $0.4\,\mathrm{m}\times0.4\,\mathrm{m}$ 这一前提，每个时间步长耗时为 $0.4/0.667\approx0.6\,\mathrm{s}$.

（5）可能移动方向. 模型采用 Moore 型邻居，疏散人员在一个时间步可移动到半径为 1 的周围一个网格，8 个可能的移动方向如图 9-4 所示.

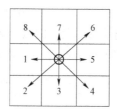

图 9-4　人员可能移动方向

9.2.2　人员疏散移动规则

本节采用 CA 模型以元胞邻居中吸引力最大的网格作为元胞（人员）下一个时间步的移动目标的规则，即选择图 9-4 所示的 8 个方向对应的网格中对元胞体吸引力最大的网格作为移动目标.

由于在 CA 模型中，每个时间步每个元胞最多只能占有一个网格，所以当多个行人选择同一个网格作为移动目标时，选择目标网格对其吸引力最大的行人移动到该目标网格，如果吸引力最大的行人不只一个，则随机地选择这些人中的一个移动到目标网格，其他人员则选择邻居中的次优网格作为移动目标. 由于本章 CA 模型中的疏散对象是年龄和体质相仿的学生，同时考虑在应急情况下人体自身的机能反应能够弥补个体的某些差异，故个体特性竞争力将不做讨论.

对于人员疏散移动规则，为了避免在模拟仿真过程中会出现人员无目的移动的情况，如在阻塞的情况下人员不等待，而是向远离出口的方向移动. 在模型中引入移动方向校正因子 $f_{\mathrm{exit}}(k)$ 和改变位置吸引概率两个重要参数，建立多出口人员疏散模型 M0，其对于元胞 $\mathrm{cell}(i,j)$ 第 k 个方向网格吸引力的计算公式如下：

$$\mathrm{prob\_dir}(k)=n(k)\cdot P_{\mathrm{con}}(k)\cdot f_{\mathrm{exit}}(k) \tag{9-1}$$

其中：$\mathrm{prob\_dir}(k)$ 表示第 k 个方向的网格吸引力；$n(k)$ 为网格属性调节系数，当网格为空，可作为移动目标网格时，取值为 1，否则为 0；$P_{\mathrm{con}}(k)$ 为第 k 个方向的网格吸引力概率.

由于人员在疏散过程中会根据前进方向的人员密度、障碍物分布情况、出口处的人员密度等因素智能地调整自己的行进方向，为了使模拟疏散状态更接近现实，本章在模型 M0 基础上引入目标方向密度概率、出口距离概率和出口密度概率三个因素，来表达在方向选择过程中人员的主观智能作用，建立多出口人员疏散模型 M1，其对元胞 $\mathrm{cell}(i,j)$ 第 k 个方向网格吸引力的计算公式为

$$\mathrm{prob\_dir}(k)=n(k)\cdot[(A_{\mathrm{con}}\cdot P_{\mathrm{con}}(k)+A_{\mathrm{den}}\cdot P_{\mathrm{den}}(k))+P_{\mathrm{exit}}(k)]\cdot f_{\mathrm{exit}}(k) \tag{9-2}$$

其中：A_{con} 为网格吸引力概率权重因子，$P_{\mathrm{den}}(k)$ 为第 k 个方向的方向密度概率，A_{den} 为其

权重因子，$A_{con} + A_{den} = 1$，具体参数值视实际疏散背景而定；$P_{exit}(k)$ 为出口影响因子概率. 上面提到的重要参数计算方法如下.

1. 网格吸引力概率 $P_{con}(k)$ 的计算

由于人群在紧急疏散过程中，个体通常情况下产生从众行为，所以本节的网格吸引力概率计算参考文献[2]中的计算公式：

$$P_{con}(k) = a_{dis} \cdot P_{dis}(k) + a_{dir} \cdot P_{dir}(k) \tag{9-3}$$

其中：a_{dis} 为位置吸引力权重因子，a_{dir} 为方向吸引力权重因子，满足 $a_{dis} + a_{dir} = 1$，具体数值可根据实际情况调节. $P_{dis}(k)$ 是第 k 个方向对应网格对 $cell(i,j)$ 的吸引力概率，主要体现距目标网格最近的出口对人群的吸引情况. 距离沿用文献[2]的欧氏距离，令 d 表示所有网格距最近出口距离中的最大值，$D_{exit}(k)$ 表示第 k 个方向网格距最近出口距离，计算公式如下：

$$P_{dis}(k) = 1 - \frac{D_{exit}(k)}{d} \tag{9-4}$$

$P_{dir}(k)$ 是表现个体从众行为的参数，视野范围是以元胞 $cell(i,j)$ 为中心的一个 $(2r+1) \times (2r+1)$ 阶方阵，详见文献[2]，计算公式如下：

$$P_{dir}(k) = \frac{N_{dir(k)}}{\sum\limits_{k=1}^{8} N_{dir(k)}} \tag{9-5}$$

其中 $N_{dir(k)}$ 是在给定视野范围内，向第 k 个方向移动的总人数 $k = 1, \cdots, 8$. 本章在模拟疏散时取 $r = 2$.

最后将网格吸引力概率 $P_{con}(k), k = 1, 2, \cdots, 8$ 做归一化处理后，仍记为 $P_{con}(k), k = 1, 2, \cdots, 8$. 作为最终的计算结果.

2. 目标方向密度概率 $P_{den}(k)$ 的计算

目标方向密度概率引入的目的是体现当行人前面的人员密度大或可再次移动的空间小，如障碍物多时，行人选择此方向的概率将会降低. 首先，给定前进方向上的视野范围是一个 $n \times n$ 的矩阵，当 $k = 1, 3, 5, 7$ 时，视野范围是以选择目标网格为最近列中心（行中心）的矩阵，当 $k = 2, 4, 6, 8$ 时，视野范围是以选择目标网格为顶点的矩阵，图 9-5 给出了当 $k = 1$ 和 $k = 2$ 时的前进方向视野范围，其他方向情况与图 9-5 类似.

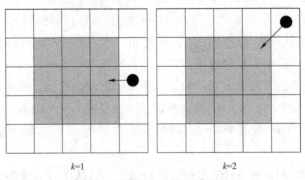

图 9-5 前进方向视野范围（$n = 3$）

$P_{den}(k)$ 的数值按公式计算如下：

$$P_{den}(k) = 1 - \frac{N_{field}(k) + O_{field}(k)}{n \times n} \qquad (9-6)$$

其中，$N_{field}(k)$ 表示选定方向 k 上视野范围内的人员总数，$O_{field}(k)$ 表示选定方向上视野范围内的障碍物总数. 将 8 个前进方向上的密度概率做归一化处理后，作为最终值. 引入参数 P_{den} 后，可以体现出行人会优先选择视野开阔、便于再次移动的方向作为目标方向.

3. 出口影响因子概率 $P_{exit}(k)$ 的计算

出口影响因子概率 $P_{exit}(k)$ 引入的目的是体现行人能够在综合考虑出口前面的人员密度和到出口距离的基础上，来选择移动目标网格. 直观体现就是行人不一定选择人员密度大，人群整体前进慢，但距离相对较近的出口作为移动目标，从而使各个出口疏散人员数量大致相当，使疏散效率达到最大.

$P_{exit}(k)$ 具体的计算过程如下.

（1）计算方向 k 对应的网格依距离因素选择到最近出口的可能性，计算公式如下：

$$P_{dis\_exit}(k) = 1 - \frac{D_{exit}(k)}{\sum\limits_{k=1}^{8} D_{exit}(k)} \qquad (9-7)$$

其中 $D_{exit}(k)$ 表示第 k 个方向网格距最近出口距离，可以用上文提到的欧氏距离，也可以选择 hausdorff 距离. $P_{dis\_exit}(k)$ 表示第 k 个方向到最近出口的距离越小，选择此方向网格作为移动目标的可能性越大.

（2）计算距方向 k 最近的出口前面的人员密度，计算公式如下：

$$P_{den\_exit}(k) = 1 - \frac{N_{exit}(k)}{C_{em\_space} \times R_{em\_space}} \qquad (9-8)$$

其中 $N_{exit}(k)$ 表示距第 k 个方向网格最近的出口前面所选范围内的人员总数，C_{em_space} 表示最近出口前所选范围（矩阵）的行数，R_{em_space} 表示出口前所选范围（矩阵）的列数，$C_{em\_space} \times R_{em\_space}$ 表示选定范围内最多可以容纳人数（出口前面的空格数）. $P_{den\_exit}(k)$ 表示距第 k 个方向最近出口前的人员密度越小，选择此方向网格作为移动目标的可能性越大.

（3）计算方向 k 对应的出口影响因子概率，计算公式如下：

$$P_{exit}(k) = a_{dis\_exit} \cdot P_{dis\_exit}(k) + a_{den\_exit} \cdot P_{den\_exit}(k) \qquad (9-9)$$

其中 a_{dis_exit} 表示出口距离权重因子，a_{den_exit} 表示出口密度权重因子，满足 $a_{dis\_exit} + a_{den\_exit} = 1$，权重因子根据实际情况来确定. 最后将 $P_{exit}(k), k = 1, 2, \cdots, 8$ 做归一化处理后，仍记为 $P_{exit}(k), k = 1, 2, \cdots, 8$.

4. 移动方向校正因子 $f_{exit}(k)$ 的计算

如果选择前进的方向与距离最近出口夹角不大于90°，同时选择的方向与前一时间步的移动方向夹角不大于90°，则 $f_{exit}(k)$ 取值为1，否则取值为-1．若前一时间步人员未做移动，则只考虑前进方向与最近出口夹角这一个因素．引入此参数的目的是表示行人不会选择背离出口的方向移动，同时人员在遇到阻塞的情况下，首先会等待一个时间步，而不会立即向回走，以使对疏散情况的模拟更真实．

9.3 人群疏散模型仿真结果分析

应用上文所建的基于 CA 的多出口大型公共场所人员疏散模型，现以学校教室为疏散背景来对人员疏散进行模拟仿真．设定教室内部空间为 8.4 m×7.2 m，按前面每个元胞对应 0.4 m×0.4 m 的平面网格划分规则，再为教室四面各加一列（行）网格代表墙体，将虚拟场景划分为 23×20 个网格．按常规情况，里面的障碍物设定为桌椅，教室的出口设在一侧墙体的前后两个位置，门的宽度为 1.2 m．为了说明目标方向密度概率和出口影响因子概率的作用，将模型 M0 和模型 M1 的模拟结果进行比较．

下面给定模型中的一些重要参数值：网格吸引力概率权重因子 $A_{con}=0.85$；方向密度概率权重因子 $A_{den}=0.15$；在计算网格吸引力概率 $P_{con}(k)$ 中，位置吸引力概率权重因子 $a_{dis}=0.7$；方向吸引力概率权重因子 $a_{dir}=0.3$；在计算出口影响因子概率 $P_{exit}(k)$ 中，出口距离权重因子 $a_{dis\_exit}=0.8$；出口密度权重因子 $a_{den\_exit}=0.2$；在计算出口处人员密度时，左边出口前面选择 4×7 空格矩阵；右边出口前面选择 5×7 空格矩阵．

为模拟真实情况，将疏散过程分为两个阶段：初始阶段和中间过程阶段．初始阶段将不考虑移动方向校正因子 $f_{exit}(k)$，主要目的是模拟真实情况中人在开始疏散时为绕开障碍物或缩短等待时间，可能会先向背离出口的方向移动；中间过程阶段要考虑移动方向校正因子，主要模拟真实情况下人不会向背离出口方向或无目的地移动．将两个阶段分开的时间步 ts 数值可由模拟疏散环境确定，本章取 ts=5，即从第6时间步开始，进入疏散的中间过程．

图 9-6 表示的是一次模拟时间步 ts 分别取 3、10、20、30 的两个模型的仿真结果对比．

由于增加了出口影响因子概率 $P_{exit}(k)$，从（a1）与（a2）的对比情况看，与模型 M0 相比，M1 中会有更多的人员选择右面的疏散出口．由于增加了方向密度概率 $P_{den}(k)$，从（b1）与（b2），（c1）与（c2）的对比情况看，模型 M1 中人员在疏散过程中相互之间距离更大，基本不会出现（b1）左门口前面人员拥挤的情况，这样更有利于疏散；同时模型 M1 中的人员在疏散过程中尽可能不会选择狭窄的巷道（如课桌之间）作为疏散路线，这也是合理的．

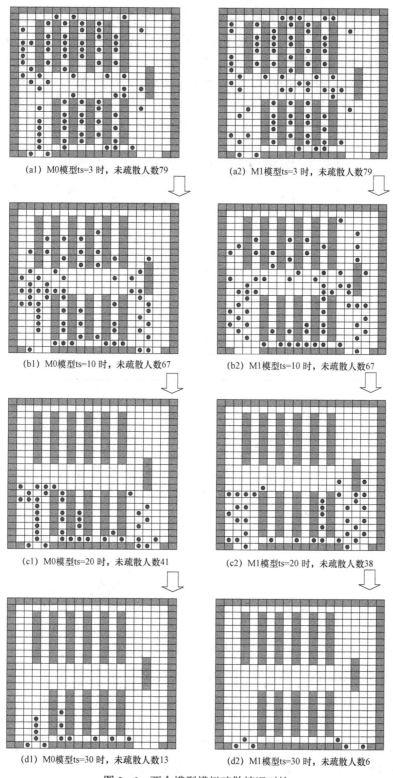

(a1) M0模型ts=3 时，未疏散人数79　　(a2) M1模型ts=3 时，未疏散人数79

(b1) M0模型ts=10 时，未疏散人数67　　(b2) M1模型ts=10 时，未疏散人数67

(c1) M0模型ts=20 时，未疏散人数41　　(c2) M1模型ts=20 时，未疏散人数38

(d1) M0模型ts=30 时，未疏散人数13　　(d2) M1模型ts=30 时，未疏散人数6

图 9-6　两个模型模拟疏散情况对比

表 9-1 给出的是相同的时间步，模型 M0 和 M1 在疏散过程中的未疏散人数对比情况，图 9-7 给出了两个模型未疏散人数随时间步的变化情况. 从图 9-7 与表 9-1 的数据可以看出，由于在疏散初期模型 M1 中的人员首先会选择再次移动空间大的方向移动，所以疏散人员较 M0 略少，但随时间的推移，由于在模型 M1 中人员间相对距离较大，最大可能地减少了拥堵，提高了疏散速度，所以疏散效率较 M0 会更高. 到后面时间步时，由于人员大量聚集在出口处，疏散人数会大幅度提高，故上述结论符合实际疏散情况.

表 9-1 相同时间步时两种疏散模型未疏散人数对照表

时间步	模型 M0 中未疏散人数	模型 M1 中未疏散人数
0	80	80
5	75	77
10	67	67
15	55	55
20	41	38
25	25	23
30	13	6

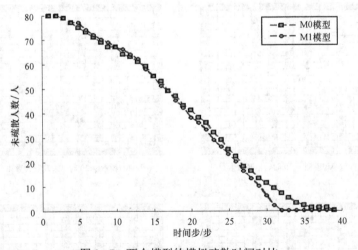

图 9-7 两个模型的模拟疏散时间对比

为了进一步说明两个模型之间的差异，将 80 个学生随机安排在座位上，做 10 次模拟，结果是：模型 M0 对应的平均疏散时间步数是 39，左门口疏散人数平均为 47，右出口疏散人数平均为 33；模型 M1 对应的平均疏散时间步数是 36，左门口疏散人数平均为 42，右出口疏散人数平均为 38. 从数据对比可以看出，模型 M1 在引进方向密度概率 $P_{den}(k)$ 和出口影响因子概率 $P_{exit}(k)$ 两个参数后，模拟疏散过程和结果更接近实际情况.

本章参考文献

[1] MURAMATSU M, NAGATANI T. Jamming transition in two-dimensional pedestrian traffic[J]. Physica A: statistical mechanics and its applications, 2000, 275（1-2）：281-291.

[2] MURAMATSU M, NAGATANI T. Jamming transition of pedestrian traffic at a crossing with open boundaries[J]. Physica A: statistical mechanics and its applications, 2000, 286（1-2）：377-390.

[3] BURSTEDDE C, KLAUCK K, SCHADSCHNEIDER A, et al. Simulation of pedestrian dynamics using a two-dimensional cellular automation[J]. Physica A: statistical mechanics and its applications, 2001, 295（3）：507-525.

[4] 崔喜红, 李强, 陈晋, 等. 大型公共场所人员疏散模型研究：考虑个体特性和从众行为[J]. 自然灾害学报, 2005, 14（6）：133-140.

[5] 李强, 崔喜红, 陈晋. 大型公共场所人员疏散过程及引导作用研究[J]. 自然灾害学报, 2006, 15（4）：92-99.

[6] 陈锦昌, 詹伟杰, 姜立军. 基于2.5维元胞自动机的人群疏散模型[J]. 工程图学学报, 2009, 30（5）：170-176.

[7] 谭惠丽, 邱冰, 刘慕仁, 等. 房间内人群疏散过程的元胞自动机研究[J]. 广西师范大学学报（自然科学版）, 2004, 22（4）：1-4.

[8] NEUMANN J V. Theory of self-reproducing automata[M]. Urbana: University of Ilinois press, 1966.

[9] 杨立中, 方伟峰, 黄锐, 等. 基于元胞自动机的火灾中人员逃生的模型[J]. 科学通报, 2002, 47（12）：896-901.

[10] 陈若航, 盛昭瀚. 具有中心车站的元胞自动机城市交通流模型[J]. 系统工程学报, 2006, 21（5）：539-543.

[11] 郑容森, 谭惠丽, 孔令江, 等. 元胞自动机双车道人车混合交通流模型的研究[J]. 系统工程学报, 2006, 21（3）：273-279.

[12] 朱刚, 马良. 函数优化的元胞蚂蚁算法[J]. 系统工程学报, 2007, 22（3）：305-308.

[13] BLUE V J, ADLER J L. Cellular automata microsimulation for modeling bi-directional pedestrian walkways[J]. Transportation research Part B: methodological, 2001, 35（3）：293-312.

第 10 章　模糊元胞自动机理论及其在人员疏散模型中的应用

自 von Neumann 在 1966 年提出元胞自动机[1]的概念以来,因其具有能够表现局部变化带来的进一步反馈作用,从而更好地模拟现实系统中的突变和自组织等特性,所以被学者用于交通流[2]等诸多领域的研究. CA 的规则演化过程实际上就是决策过程,同时考虑到获取信息的模糊性,所以将模糊推理引入到 CA 模型中,建立基于模糊规则的模糊元胞自动机(fuzzy cellular automata,FCA)模型成为学者研究复杂系统的另一方向. Heather[3-6]对 FCA 模型与 CA 模型关系等系统理论做了深入的研究,FCA 模型现已被成功应用于交通流[7-8]城市发展、疾病预防等方面的研究.

人群聚集场所疏散问题被认为是灾害发生时最大限度地减少生命财产损失的核心问题,而个体在疏散中的决策过程恰好可被 CA 的规则演化过程表现出来,故 CA 模型被众多学者用于模拟人群聚集场所的疏散过程:Thompson[11]对于疏散过程中的路线选择,个体间相互影响等内容进行了全面的研究;Burstedde 等[12]给出了一种表现疏散过程中人员相互作用的解决方法;Blue 等[13]对双向人流运动过程中不同情况下流量与速度随密度的变化关系进行了研究;李强等[14]对疏散过程中引导人员作用进行了研究;陈锦昌等[15]对地形为阶梯式设计的公共场所疏散模型进行了研究;蒋桂梅等[16]对于疏散出口对疏散时间的影响进行了相应的研究.赵宜宾等[19]充分考虑了个体在疏散决策过程中的主观智能作用,通过引入目标方向密度概率,出口影响因子概率等决策因素,建立了多出口人员疏散模型.

由于人员在疏散过程中的决策信息大部分是模糊的,如距离的远近、密度的大小等,所以在文献[19]的研究基础上,为了对疏散过程的描述更加合理,本章将对基于 FCA 的多出口人员疏散模型进行比较系统的研究.

10.1　模糊元胞自动机基本理论

元胞自动机作为一种具有时空动态特征的空间动力学研究方法,具有空间、时间的离散性,状态的离散性和有限性等基本特征. CA 模型主要由元胞状态集、邻居和局部规则组成,所有元胞的状态同步更新,其更新规则是:第 i 个元胞在 $t+1$ 时刻的状态由其自身及邻居在 t 时刻的状态共同决定,相关理论在第 9 章已详细介绍.

CA 的规则演化过程实际上就是决策过程,考虑到获取信息的模糊性,如果将模糊推理引入到 CA 模型中, 建立基于模糊规则的模糊元胞自动机模型, 在做智能决策过程中对信息处理应更为科学合理.

模糊推理系统是将给定的输入通过模糊逻辑的方法映射到一个特定的输出, 通常有 5 个过程: 输入变量模糊化、输入模糊集合的合成运算、推理规则之间的模糊蕴涵运算、输出结果的合成运算和去模糊化, 其核心是模糊规则库. 模糊规则库是由若干形如

$$\text{if } x_1 \text{ is } A_1, x_2 \text{ is } A_2, \cdots, x_n \text{ is } A_n, \text{then } y \text{ is } B$$

的规则组成, 其中 $A_i (i = 1, 2, \cdots, n)$ 和 B 是模糊集.

人员在疏散过程中, 决策信息大部分是模糊的, 如距离的远近、密度的大小等, 所以采用模糊元胞自动机对人员疏散问题进行描述, 将更为有效. 在经典的 CA 模型中, t 时刻元胞状态只有 0 和 1 两种, 即 $\text{cell}(i, j)(t) \in \{0,1\}$, 而在 FCA 模型中元胞状态是连续的, 即 $\text{cell}(i, j)(t) \in [0,1]$, 也就是说, 元胞状态可以取 $[0,1]$ 之间的任意实数.

考虑 CA 模型中元胞状态更新原则的特点, 做以下规定: $\text{cell}\{i, j\} = 1$ 表示疏散人员; $\text{cell}\{i, j\} = 0$ 表示元胞为空; $\text{cell}\{i, j\} = -1$ 表示障碍物; 元胞的状态表示为选择可能性的隶属度 $u_{i,j}^t$, 即人员选择邻居元胞作为移动目标的可能性. $\text{cell}\{i, j\} = -1$ 或 1, 则 $u_{i,j}^t = 0$. 以 $r = 1$ 的 von Neumann 型邻居为例, 基于 FCA 的人员疏散模型推理规则可定义如下:

$$\text{if} \quad \text{cell}_{i,j}(t) = 1$$

$$\text{cell}_{i-1,j}(t) \text{ is } u_{i-1,j}^t$$

$$\text{cell}_{i,j-1}(t) \text{ is } u_{i,j-1}^t$$

$$\text{cell}_{i+1,j}(t) \text{ is } u_{i+1,j}^t$$

$$\text{cell}_{i,j+1}(t) \text{ is } u_{i,j+1}^t$$

$$\text{then} \quad \text{cell}_{i,j}(t+1) \text{ is } d_k$$

其中 $d_k (k = 1, 2, 3, 4)$ 表示选择第 k 个方向对应网格作为移动目标.

疏散模型采用的移动规则是, 若邻居中选择可能性 u^t 最大值大于 0, 元胞（人员）下一个时间步移动到最大可能性对应网格. 当多人选择同一个网格作为移动目标时, 选择可能性最大的移动到该目标网格, 如果选择可能性最大的不只一个, 则从中随机地选择一个移动到目标网格, 其他人员则选择各自邻居中的次优网格作为移动目标; 若邻居中选择可能性 u^t 最大值为 0, 则人员不动.

选择可能性 u^t 的计算通过模糊推理完成, 下文将对建立以人员到出口距离、目标方向密度和出口前人员密度为输入模糊集, 以选择方向对应的选择可能性 u^t 为输出的模糊推理模型进行详细表述.

10.2　基于 FCA 的人员疏散模型构建实例

FCA 人员疏散模型的基本框架主要由疏散场所、人员和疏散环境构成, 本节以教室为背

景建筑，以学生为疏散人员，模拟当紧急情况发生时，多出口场所人员疏散情况.

10.2.1 模型假设

（1）网格划分. 对教室的平面空间进行均匀的网格划分，参考密集人流中典型的人员空间分配标准[12]，每个网格对应 0.5 m×0.5 m 的空间.

（2）网格属性. 本节设定以教室为背景的疏散场所，如图 10−1 所示. 其中白色方格为空，灰色方格表示障碍物，黑色圆点表示人，门位于图的下方，教室的座椅在人站起后自动折叠，不占空间. 设定教室里面有 80 个学生，紧急疏散前全部坐在自己的座位上.

（3）可能移动方向. 模型采用 Moore 型邻居，疏散人员在一个时间步可移动到半径为 1 的某个空邻居网格，8 个可能的移动方向如图 10−2 所示.

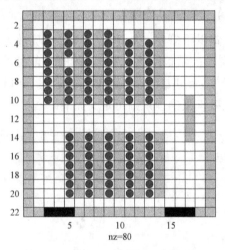

图 10−1 网格属性示意图

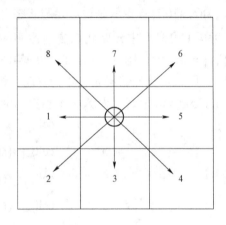

图 10−2 疏散人员可能移动方向

（4）人员特性. 考虑本节的疏散对象是年龄和体质相仿的学生，同时考虑在应急情况下人体自身的机能反应能够弥补个体的某些差异，故将不讨论个体特性竞争力.

10.2.2 疏散速度与疏散时间

考虑到人员在疏散过程中是变速行进的，且疏散速度与周围的人员和障碍物密度有很大关系[17]，改进文献[14]中的速度计算方法，得本节的速度计算公式如下：

$$V = \begin{cases} 0.37, & D \geqslant 3 \\ V_0\{0.35[1.32 - 0.82\ln(D)] + 0.03(3.0 - 0.76D) + 0.2\}, & 0.5 \leqslant D < 3 \\ V_0, & D < 0.5 \end{cases} \quad (10\text{−}1)$$

其中 V 表示人员疏散过程中的实际速度，V_0 为人员正常状态下的行走速度，取 $V_0 = 1.25$；D 表示单位面积上的人和障碍物数量，$D = \dfrac{N_p + N_0}{S}$，S 表示视野范围对应面积，N_p 表示视野范围内总人数，N_0 表示视野范围内障碍物总数.

计算人员密度的范围如图 10-3 所示.

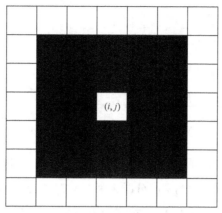

图 10-3　计算人员密度的范围

按每个元胞对应 0.5 m×0.5 m 的空间划分前提，每个时间步长耗时为 $(0.5/V)$ s，故疏散时间可以按以下方法计算.

（1）按式（10-1）计算每个疏散人员每一时间步的实际速度.

（2）对每个人计算每一步的实际耗时，并与前一时间步耗时累加，直到人员到达出口为止，此时的耗时的累计值就是每个人的实际疏散时间.

（3）当最后一个人疏散成功时，对所有人员疏散时间进行比较，其中的最大值为最终的疏散时间.

10.2.3　基于模糊推理的选择可能性计算模型

按 10.2.2 节建立的基于 FCA 的人员疏散模型结构，将构建疏散人员对邻居的选择可能性 u^t 的推理模型.

考虑疏散人员在选择目标方向的时候会考虑到出口的距离和出口前密度，同时，为了下一步行动方便，还会考虑选择方向上的人与障碍物密度. 在综合考虑上述 3 个因素之后，疏散人员会对目标被选择的可能性做出评价，但疏散过程中人员获取 3 个因素相应的数据信息是模糊的，而在决策过程中人的经验还会起到重要的作用，故用模糊推理模型做决策是合理的.

1. 构建输入输出模糊集隶属函数

将到出口的距离分成 3 个模糊集 $D = \{D_1, D_2, D_3\}$ = {距离近，距离中，距离远}，疏散人员到出口的距离采用欧氏距离公式，依本节设定的疏散环境，距离最大值约为 13 m，考虑计算上的方便，将其换算为网格数量为 26，故取距离范围为 [0, 26]. 取距离模糊集的隶属函数为 Π 型，所得距出口距离图像如图 10-4 所示.

将出口前人员密度分成两个模糊集 $E = \{E_1, E_2\}$ = {密度小，密度大}，左右出口前空格范围同取 4×7，即选择面积为 14 m². 取密度公式计算出口前人员密度. 取出口前人员密度模糊集的隶属函数为 Π 型，所得出口前人员密度图像如图 10-5 所示.

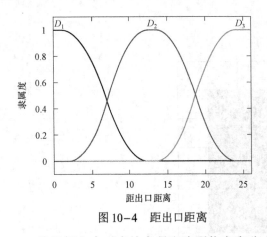

图 10-4　距出口距离

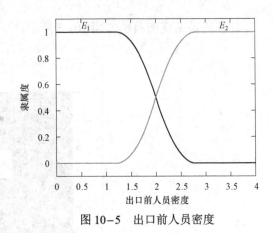

图 10-5　出口前人员密度

将目标方向对应的人员和障碍物密度分成 3 个 $T=\{T_1,T_2,T_3\}=\{$ 密度小，密度中，密度大 $\}$.给定前进方向上的视野范围是一个 $n\times n$ 矩阵（本节取 $n=3$），当 $k=1,3,5,7$ 时，视野范围是以目标网格为最近列中心（行中心）的矩阵，当 $k=2,4,6,8$ 时，是以目标网格为顶点的矩阵，图 10-6 给出当 $k=1$ 和 $k=2$ 时目标方向的视野范围，其他情况类似. 取密度公式计算目标方向对应的密度. 取出口前人员密度模糊集的隶属函数为 Π 型，所得目标方向的密度图像如图 10-7 所示.

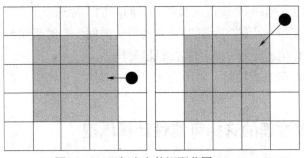

图 10-6　目标方向的视野范围 $(n=3)$

选择可能性 u^t 作为输出模糊集被划分成 5 个，分别是 $P=\{NB,NM,ZO,PM,PB\}=$ $\{$ 负大，负中，零，正中，正大 $\}$，取模糊集 NB 和 PB 的隶属函数为梯形，其他 3 个为三角形，所得选择可能性图像如图 10-8 所示.

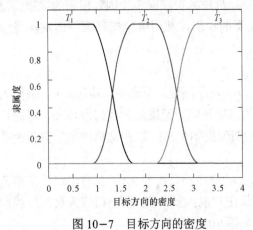

图 10-7　目标方向的密度

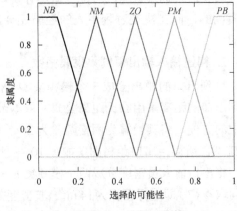

图 10-8　选择可能性

2. 模糊推理规则构建

根据人员疏散过程中的路线选择的基本原则：如果距离某出口近，目标方向密度小，出口人员密度小，则选择该出口的可能性很大；如果距离某出口远，目标方向密度大，出口人员密度大，则选择该出口的可能性很小，若其中某些条件改变，选择可能性会进行相应调整，本节建立以下的模糊推理规则：

如果距出口距离是 D_1，目标方向密度为 T_1，则选择可能性为 PB；

如果距出口距离是 D_1，目标方向密度为 T_2，出口前密度为 E_1，则选择可能性为 PB；

如果距出口距离是 D_1，目标方向密度为 T_2，出口前密度为 E_2，则选择可能性为 PM；

如果距出口距离是 D_1，目标方向密度为 T_3，则选择可能性为 PM；

如果距出口距离是 D_2，目标方向密度为 T_1，出口前密度为 E_1，则选择可能性为 PM；

如果距出口距离是 D_2，目标方向密度为 T_1，出口前密度为 E_1，则选择可能性为 ZO；

如果距出口距离是 D_2，目标方向密度为 T_2，则选择可能性为 ZO；

如果距出口距离是 D_2，目标方向密度为 T_3，出口前密度为 E_1，则选择可能性为 ZO；

如果距出口距离是 D_2，目标方向密度为 T_3，出口前密度为 E_2，则选择可能性为 NM；

如果距出口距离是 D_3，目标方向密度为 T_1，则选择可能性为 NM；

如果距出口距离是 D_3，目标方向密度为 T_2，出口前密度为 E_1，则选择可能性为 NM；

如果距出口距离是 D_3，目标方向密度为 T_2，出口前密度为 E_2，则选择可能性为 NB；

如果距出口距离是 D_3，目标方向密度为 T_3，则选择可能性为 NB.

按上述方法确定输入、输出模糊集隶属函数和推理规则库后，以 MATLAB 软件环境为平台，即可完成以距出口距离、目标方向密度和出口前人员密度为输入，以选择可能性为输出的 mamdani 型模糊推理系统的构建.

10.3　基于 FCA 的多出口人员疏散模型仿真及结果分析

为解决在现有移动规则作用下，疏散人员在拥堵时会发生无目的的移动的情况，本节引入移动方向校正因子 DCF. 如果选择前进的方向与距离最近出口夹角不大于 $90°$，同时与前一时间步的移动方向夹角不大于 $90°$，则 DCF $=1$，否则 DCF $=0$. 若前一时间步人员未做移动，则只考虑前进方向与最近出口夹角这一个因素. 引入此参数的目的是表示行人不会选择背离出口的方向移动，同时人员在遇到阻塞的情况下，首先会等待一个时间步，而不会立即向回走，以使得对疏散情况的模拟更真实.

为表现人员在决策时会提前避让障碍物，本节引入决策因子 DF. 如果在选择方向上与邻居网格近邻的网格不是障碍物，则 DF $=1$，否则 DF $=1-p$，其中 p 的取值由疏散环境确定，本节取 $p=0.2$.

引入移动方向校正因子 DCF 和决策因子 DF 修正选择可能性 u^t 后，基于 FCA 的多出口人员疏散模型建立如下.

（1）按前文的推理模型计算每个人员对邻居网格的选择可能性 μ^t，并修正选择可能性为 $\mu^t \times \text{DCF} \times \text{DF}$；同时对每个疏散人员按式（10-1）计算疏散时间，进行累加.

（2）然后按前文推理模型和移动规则，同步更新人员位置.

（3）重复步骤（1）和（2），直到人员全部疏散到出口之外.

（4）比较各个人员疏散时间，最大值为最终疏散时间.

将疏散过程分为两个阶段：初始阶段和中间过程阶段. 初始阶段不考虑移动方向校正因子DCF，主要反映人在开始疏散时为绕开障碍物或缩短等待时间，可能会先向背离出口的方向移动；中间过程阶段要考虑移动方向校正因子，主要反映人不会向背离出口方向或无目的地移动. 将两个阶段分开的时间步 ts 数值可由模拟疏散环境确定，本节取 ts = 5，即从第 6 时间步开始，进入疏散的中间过程阶段.

下面应用上述所建的基于 FCA 的多出口人员疏散模型，以教室为疏散背景，对人员疏散过程进行模拟仿真. 设定教室内部空间为 $10\,\text{m} \times 8.5\,\text{m}$，按前文的假设进行平面网格划分，里面的障碍物设定为桌椅. 为了再现出口宽度对于疏散过程的影响，借此说明模型的有效性，本节分别对宽出口（1.5 m）和窄出口（1 m）两种情况进行模拟仿真，图 10-9 表示在模拟环境中时间步 ts 分别取 7、14、21、28、35，宽出口（左）和窄出口（右）两种情况的仿真结果对比情况.

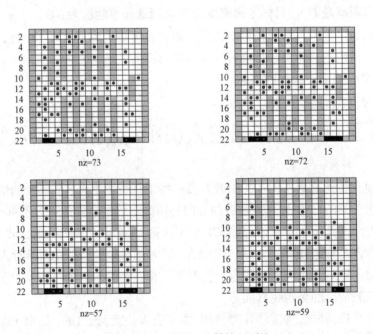

图 10-9　两种出口疏散情况对比

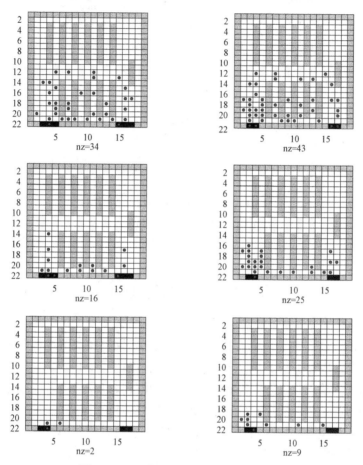

图 10-9　两种出口疏散情况对比（续）

本节疏散场所出口所在的墙长度为 8.5 m，窄出口为 1 m，恰好等于出口宽度理想临界值 $d = 0.1 \times 8.5 \approx 1\,\mathrm{m}$[16]，但两出口间距离 $s = 5.5\,\mathrm{m}$ 远大于出口间距理想临界值 $d = 0.2 \times 8.5 \approx 2\,\mathrm{m}$，此时疏散人员宁愿等待最近的出口前面等待疏散完毕，也不愿改变路线，所以发生了拥堵现象；若出口宽度增至 1.5 m，远大于出口宽度理想临界值 d，此时虽然两出口间距离 $s = 4.5\,\mathrm{m}$ 依然远大于出口间距理想临界值 $d \approx 2\,\mathrm{m}$，但没有发生拥堵现象. 此仿真与文献[16]的研究结果吻合，间接说明模型的有效性.

为了进一步说明出口宽度对于疏散的影响，将 80 个学生随机安排在座位上，做 10 次模拟，结果是宽出口环境下左门口疏散人数平均为 46，右门口为 34，平均疏散时间为 32.4 s；窄出口环境下左门口疏散人数平均为 43，右门口为 37，平均疏散时间为 38.1 s. 由于窄出口疏散时左门发生拥堵，所以一些人选择了从右门出去，但拥堵还是使疏散时间增加了 18%. 在两种疏散情况下，平均未疏散人数随时间的变化情况如图 10-10 所示.

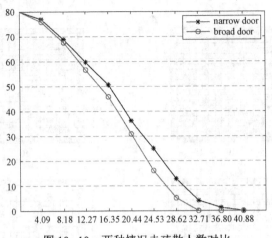

图 10-10　两种情况未疏散人数对比

10.4　结果与讨论

鉴于人员在疏散过程中用于决策的信息是模糊的，同时在决策过程中人的直观经验会发挥很大作用，故本章构建了基于 FCA 的多出口人员疏散模型. 以距出口距离、目标方向密度和出口前人员密度为输入，以方向选择可能性为输出的模糊推理模型可以充分体现人员在决策过程中的主观智能作用，在引入方向调节因子和决策因子后，可以使模型有更强的实用性，模拟仿真结果表明模型可比较真实地再现人员的疏散行为，同时模拟疏散数据，如疏散时间等，可为紧急疏散预案的制订提供重要的参考.

人员紧急疏散过程是一个复杂的系统工程，对减少灾害损失有重大意义，下一步的工作是完善所建模型，并将其应用于比较复杂化的疏散环境，通过模拟仿真进一步研究出口、疏散通道等对疏散过程的影响，为紧急疏散策略的制定提供更有价值的参考.

本章参考文献

[1] NEUMANN J V. Theory of self-reproducing automata[M]. Urbana: University of Illinois Press, 1966.

[2] ZAHRAOUY H Z, JETTO K, BENYOUSSEF A. The effect of mixture lengths of vehicles on the traffic flow behaviour in one-dimensional cellular automaton[J]. The European physical Journal B, 2004, 40: 111-117.

[3] BETEL H, FLOCCHINI P. On the relationship between fuzzy and boolean cellul automata[J]. Theoretical computer science, 2011（412）：703-713.

[4] BETEL H, FLOCCHINI. On the asymptoti behavior of fuzzy cellular automata[J]. Electronic

notes in theoretical computer science, 2009, 252:23−40.

[5] CATTANEO G, FLOCCHINI P, MAURI G, et al. Cellular automata in fuzzy backgrounds[J]. Physica D, 1997, 105:105−120.

[6] 畅春玲，张运杰，于东，等. 建立在模糊逻辑上的模糊元胞自动机[C]. 第 12 届全国模糊系统与模糊数学学术年会，2004：332−336.

[7] 龚永罡，陈涛. 基于模糊控制规则的元胞自动机模型[J]. 计算机应用，2008，28（9）：2366−2368.

[8] 王艳娜，周子力，王新伟. 基于元胞自动机的模糊控制换道模型[J]. 计算机应用，2007，27（5）：1197−1200.

[9] LIU Y, PHINN S R. Modelling urban development with cellular automata incorporating fuzzy-set approaches[J]. Computers, environment and urban systems, 2003, 27: 637−658.

[10] JAFELICE R, BECHARA B F Z, BARROS L C, et al. Cellular automata with fuzzy parameters in microscopic study of positive HIV individuals[J]. Mathematical and computer modelling, 2009, 50: 32−44.

[11] THOMPSON P A, MARCHANT E W. A Computer model for the evacuation of large building populations[J]. Fire safety journal, 1995, 24（2）：131−148.

[12] BURSTEDDE C, KLAUCK K, SCHADSCHNEIDER A, et al. Simulation of pedestrian dynamics using a two-dimensional cellular automaton[J]. Physica A, 2001, 295（3）：507−525.

[13] BLUE V J, ADLER J L. Cellular automata microsimulation for modeling bi-directional pedestrian walkways[J]. Transportation Research Part B, 2001, 35（3）：293−312.

[14] 李强，崔喜红，陈晋. 大型公共场所人员疏散过程及引导作用研究[J]. 自然灾害学报，2006，15（4）：92−99.

[15] 陈锦昌，詹伟杰，姜立军. 基于 2.5 维元胞自动机的人群疏散模型[J]. 工程图学学报，2009，30（5）：170−176.

[16] 蒋桂梅. 建筑物出口条件对人员疏散的影响分析[J]. 计算机仿真，2010，27（6）：212−215.

[17] 陆君安，方正，卢兆明，等. 建筑物人员疏散逃生速度的数学模型[J]. 武汉大学学报（工学版），2002，35（2）：66−70.

[18] 徐方，魏东，魏星. 公众聚集场所人群疏散基础数据的分析[J]. 中国安全科学学报，2008，18（4）：137−145.

[19] 赵宜宾，黄猛，张鹤翔. 基于元胞自动机的多出口人员疏散模型的研究[J]. 系统工程学报，2012，27（4）：439−445.

第 11 章　常微分方程的数值求解与应用

　　自然科学和工程技术中的许多现象都是变化的,涉及变化率这个因素,而变化率抽象到数学上就是导数,因此要描述一些动态的现象,需要微分方程来刻画. 例如,降落的物体受到空气阻力作用,若假设空气阻力与速度 u 成正比,则所受合力 $F = mg - cu$,这里 c 为空气阻力系数. 由牛顿第二定律,得

$$\frac{\mathrm{d}u}{\mathrm{d}t} = g - \frac{c}{m}u$$

这里速度 u 为因变量,时间 t 为自变量.

　　又如在弹簧质量系统中,物体 m 离开平衡位置的位移 x 的变化满足

$$m\frac{\mathrm{d}^2 x}{\mathrm{d}t^2} + c\frac{\mathrm{d}x}{\mathrm{d}t} + kx = 0$$

其中 m 为质量, c 为衰减系数, k 是弹性系数. 此方程含有二阶导数,称为二阶微分方程;而前面的最高阶为一阶,称为一阶微分方程. 后面将看到,高阶常微分方程能化为一阶微分方程组.

11.1　常微分方程的初始问题

　　微分方程是包含导数的方程. 形如 $y'(t) = f(t, y(t))$ 的一阶微分方程表示数量 y 的以当前时间和当前数量值表示的变化率. 微分方程用于理解和预测随着时间变化的系统.

　　大量有趣的方程没有解析解,只能依赖于数值方法求解.

　　许多对自然现象成功建模的物理法则都可表示为微分方程. 牛顿写出的运行定律 $F = ma$,这个方程描述了物体受到的合力与其加速度之间的关系,加速度是位移的二阶导数.

　　用一个简单的模型(称为 Logistic 方程)对人口的变化进行建模

$$y' = cy(1-y) \tag{11-1}$$

其中 y' 为 y 相对于时间 t 的导数, $c > 0$ 为常数. 如果假定 y 表示人口与其最大环境负载容量的比例,则 y 增长到负载能力附近后平缓变化. 微分方程式(11-1)表示人口比例变化率正比于当前人口比例 y 与"剩余容量"$(1-y)$ 的乘积成正比,因而当 y 接近 0 或 1 时,变化率 y' 都很小.

　　一阶常微分方程式(11-1)是一个典型的简单方程,有无穷多个解 $y(t)$. 通过给定初始条件,可以在无穷多个可能解中找到感兴趣的那一个解. 一阶常微分方程初值问题包含方程和指定区间 $a \leqslant t \leqslant b$ 上的初值条件

$$\begin{cases} y' = f(t, y) \\ y(a) = y_0 \\ t \in [a, b] \end{cases} \tag{11-2}$$

绘出常微分方程的斜率场将有助于理解，如图 11-1（a）所示．方程式（11-2）可以看作对任何当前值 (t, y) 定义的斜率．如果使用箭头画出平面每个点上的斜率，可得微分方程的斜率场或向量场．如果右侧 $f(t, y)$ 独立于 t，则称方程是自治的（autonomous）．这在图 11-1 中是明显的，即向量与 t 无关，仅依赖于 y．

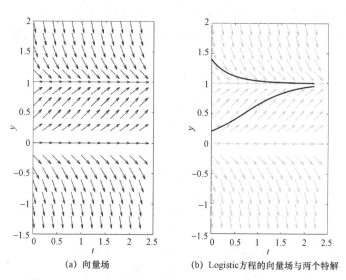

(a) 向量场　　　　　(b) Logistic 方程的向量场与两个特解

图 11-1　Logistic 微分方程的向量场与特解（取 $c=2$）

在斜率场中，给定初始条件后，就可以确定一个特解．在图 11-1（b）中，初值分别为 $y(0) = 0.2$ 与 $y(0) = 1.4$．

方程（11-1）有一个初等函数表示的解．当 $y_0 \neq 1$ 时，

$$y(t) = 1 - \frac{1}{1 + \dfrac{y_0}{1 - y_0} \mathrm{e}^{ct}} \tag{11-3}$$

就是以下初值问题

$$\begin{cases} y' = cy(1 - y) \\ y(0) = y_0 \\ t \in [0, T] \end{cases} \tag{11-4}$$

的解．当 $y_0 = 1$ 时，解 $y(t) = 1$．

Logistic 方程可以用分离变量法求解，但一般情况下，常微分方程没有解析解．图 11-1 给出另外一种方法：通过斜率场求解．从初始点 (t_0, y_0) 开始，沿着斜率 $f(t_0, y_0)$ 的方向移动到点 (t_1, y_1)，用 $y_1 = y_0 + (t_1 - t_0)f(t_0, y_0)$ 近似代替 $y(t_1)$，同样沿着新的斜率 $f(t_1, y_1)$ 的方向移动到下一个点，用 $y_2 = y_1 + (t_2 - t_1)f(t_1, y_1)$ 近似代替 $y(t_2)$，可一直重复下去得到 $y(t)$ 的数值近似解．

例 11.1　画出初值问题的斜率场．

$$\begin{cases} y' = ty + t^3 \\ y(0) = y_0 \\ t \in [0,1] \end{cases} \qquad (11-5)$$

图 11-2（a）画出了斜率场，对于平面中的每个点 (t,y)，画出箭头，斜率为 $ty + t^3$. 这个初值问题不是自治的，因为斜率表达式中有 t，向量随着 t 和 y 而变化. 图中显示了 $y(0)=1$ 的一个精确解 $y(t) = 3e^{t^2/2} - t^2 - 2$.

图 11-2 显示了沿着斜率场的计算方法实现，即欧拉法，从 $t_0 = 0$ 开始，以步长 h 递增. 从每个 t_i 沿着斜率场，得到在 t_{i+1} 处的近似值为 $y_{i+1} = y_i + hf(t_i, y_i)$. 由于 $f(t_i, y_i)$ 表示解在 (t_i, y_i) 处的斜率，则 y 在 t_{i+1} 处的变化量为水平增量乘斜率，即 $hf(t_i, y_i)$，如图 11-2（b）所示，$y_{i+1} = y_i + hf(t_i, y_i)$ 为 $y(t_{i+1})$ 的近似值.

欧拉公式：

$$y_{i+1} = y_i + hf(t_i, y_i), \quad i = 0,1,2,\cdots \qquad (11-6)$$

对初值问题[式（11-5）]用欧拉法求解，从 $t_0 = 0$ 开始，以步长 $h = 0.2$ 递增，按式（11-6）得到近似解，与精确解对比见表 11-1.

表 11-1　数值解与精确解对比

步数	0	1	2	3	4	5
t_i	0.0	0.2	0.4	0.6	0.8	1.0
y_i	1.000 0	1.000 0	1.041 6	1.137 7	1.317 5	1.630 6
$y(t_i)$	1.000 0	1.020 6	1.089 9	1.231 7	1.491 4	1.946 2

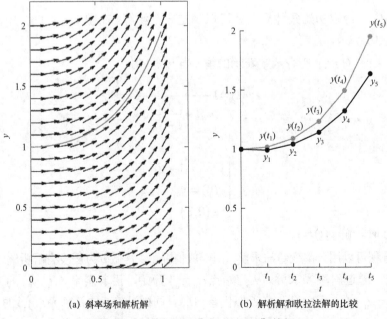

（a）斜率场和解析解　　　（b）解析解和欧拉法解的比较

图 11-2　初值问题［式（11-5）］的解

可以看出，欧拉法本质是以直代曲，后面的误差积累比较大，克服的手段是减少步长 h 或改进算法.

对于微分方程组，可以通过类似的方法简单扩展得到.

一阶常微分方程组的形式如下.

$$\begin{cases} y_1' = f_1(t, y_1, y_2, \cdots, y_n) \\ y_2' = f_2(t, y_1, y_2, \cdots, y_n) \\ \quad\vdots \\ y_n' = f_n(t, y_1, y_2, \cdots, y_n) \end{cases}$$

在初值问题中，每个变量需要它们自己的初值.

$$记\ y = \begin{bmatrix} y_1 \\ y_2 \\ \vdots \\ y_n \end{bmatrix}, \quad y' = \begin{bmatrix} y_1' \\ y_2' \\ \vdots \\ y_n' \end{bmatrix}, \quad f(t, y) = \begin{bmatrix} f_1(t, y_1, y_2, \cdots, y_n) \\ f_2(t, y_1, y_2, \cdots, y_n) \\ \vdots \\ f_n(t, y_1, y_2, \cdots, y_n) \end{bmatrix}, \quad y_0 = \begin{bmatrix} y_1(a) \\ y_2(a) \\ \vdots \\ y_n(a) \end{bmatrix},$$

一阶常微分方程组的初值问题为

$$\begin{cases} y' = f(t, y) \\ y(a) = y_0 \\ t \in [a, b] \end{cases} \tag{11-7}$$

欧拉法的递推公式推广为

$$y_{i+1} = y_i + hf(t, y_i), i = 0, 1, 2, \cdots \tag{11-8}$$

利用 MATLAB 的矢量编程功能，可以写出相应的 MATLAB 程序 Euler.m，可以求解初值问题［式（11-5）和（式 11-7）］.

```
function [t, y] = Euler(ydot_fun, t0, y0, h, N)
%% Euler 方法，调用方法为  [t, y] = Euler(ydot_fun, t0, y0, h, N)
%% 其中 ydot_fun 为一阶微分方程的函数；
%%    t0 为初始点；y0 为初始向量（列向量）；h 为步长；N 为区间的等分数
%%    t 为 Tn 构成的向量；y 为 Yn 构成的矩阵；
t = zeros(1, N+1); y = zeros(length(y0), N+1);
t(1) = t0; y(:, 1) = y0;
for i = 1 : N
    t(i+1)=t(i)+h;
    y(:, i+1)=y(:, i)+h*feval(ydot_fun, t(i), y(:, i));
end
```

例 11.2　使用欧拉法求解以下初值问题.

$$\begin{cases} y_1' = y_2^2 - 2y_1 \\ y_2' = y_1 - y_2 - ty_2^2 \\ y_1(0) = 0 \\ y_2(0) = 1 \end{cases} \tag{11-9}$$

可以验证，方程组的解析解为

$$\begin{cases} y_1 = t\mathrm{e}^{-2t} \\ y_2 = \mathrm{e}^{-t} \end{cases}.$$

为便于比较，这里取 $h=0.1$，用欧拉法求解的主程序为

```
clear, clc, close all
ydot = @(t, y)[y(2)^2 - 2*y(1);y(1) - y(2) - t*y(2)^2];
t0 = 0; y0 = [0;1]; h = 0.1; N = 10;
[t, y] = Euler(ydot, t0, y0, h, N);
plot(t, y,'k-s','linewidth', 1.5)
hold on
t = 0:0.01:1; yf = [t.*exp(-2*t); exp(-t)];
plot(t, yf,'r-','linewidth', 1.5)
text(0.5, 0.5*exp(-2*0.5)+0.1,'$$y_1(t)=t e^{-2t}$$','interpreter','latex',
'fontsize', 14)
text(0.5, exp(-0.5)+0.1,'$y_2(t)=e^{-t}$','interpreter','latex','fontsize',
14)
```

运行结果如图 11-3 所示。

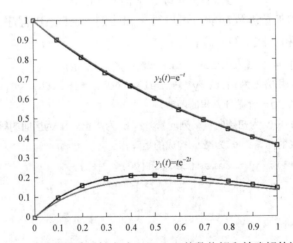

图 11-3　用欧拉法近似求式（11-9）的数值解和精确解的比较

可以看出，欧拉法的精度不太高，为了提高精度，人们提出了预估校正方法

$$\begin{cases} \boldsymbol{y}_p = \boldsymbol{y}_i + h\boldsymbol{f}(t_i, \boldsymbol{y}_i) \\ \boldsymbol{y}_c = \boldsymbol{y}_i + h\boldsymbol{f}(t_i, \boldsymbol{y}_p), i = 0,1,2,\cdots \\ \boldsymbol{y}_{i+1} = (\boldsymbol{y}_p + \boldsymbol{y}_c)/2 \end{cases} \tag{11-10}$$

对应的 MATLAB 程序为

```
function [t, yn] = EulerPC(ydot_fun, t0, y0, h, N)
%% 改进 Euler 方法, 调用方法为  [t, y] = EulerPC(ydot_fun, t0, y0, h, N)
%% 其中 ydot_fun 为一阶微分方程的函数;
%%   t0 为初始点; y0 为初始向量 (列向量); h 为步长; N 为等分区间数
%%   t 为 Tn 构成的向量; y 为 Yn 构成的矩阵;
%% ydotfun=@(x, y)(x.^2+x-y);[t, y]=EulerPC(ydotfun, 0, 0, 0.1, 10)
t = zeros(1, N+1); yn = zeros(length(y0), N+1); yp = y0; yc = y0;
t(1) = t0; yn(:, 1) = y0;
for i = 1 : N
    t(i+1) = t(i)+h;
    yp = yn(:, i)+h*feval(ydot_fun, t(i), yn(:, i));
    yc = yn(:, i)+h*feval(ydot_fun, t(i+1), yp);
    yn(:, i+1) = (yp+yc)/2;
end
```

为了得到更高的精度, 人们又给出了四级四阶龙格库塔方法.

$$\begin{cases} y_{i+1} = y_i + \dfrac{h}{6}(k_1 + 2k_2 + 2k_3 + k_4), \\ k_1 = f(x_i, y_i), \\ k_2 = f(t_i + \dfrac{1}{2}h, y_i + \dfrac{h}{2}k_1), \\ k_3 = f(t_i + \dfrac{1}{2}h, y_i + \dfrac{h}{2}k_2), \\ k_4 = f(t_i + h, y_i + hk_3). \end{cases} \tag{11-11}$$

对应的 MATLAB 程序为

```
function [t, y] = RungeKutta44(ydot, t0, y0, h, N)
% 标准四级四阶 Runge - Kutta 法程序, 调用格式为
%   [x, y] = RK44(ydot, x0, y0, h, N)
% 其中
% ydot 一阶微分方程函数'
% t0  为初始点, y0 为初始向量(列向量)
% h  为步长, N 为等分区间数'
% t 为 Tn 构成的列向量, y 为 Yn 构成的列矩阵
t = zeros(N+1, 1); t(1) = t0;
y = zeros(N+1, length(y0)); y(1,:) = y0;
for i = 1:N
    t(i+1) = t(i) + h;
    k1 = feval(ydot, t(i), y(i,:));
```

```
    k2 = feval(ydot, t(i)+1/2*h, y(i,:)+1/2*h*k1');
    k3 = feval(ydot, t(i)+1/2*h, y(i,:)+1/2*h*k2');
    k4 = feval(ydot, t(i)+h, y(i,:)+h*k3');
    y(i+1,:) = y(i,:)+1/6*h*(k1+2*k2+2*k3+k4)';
end
```

为了便于比较，这里给出改进后的对比（见图 11-4）.

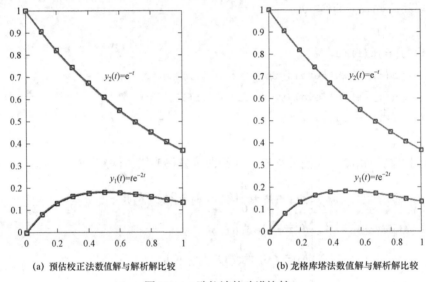

(a) 预估校正法数值解与解析解比较 　　　　　　(b) 龙格库塔法数值解与解析解比较

图 11-4　欧拉法的改进比较

从图 11-4 可以看出，这两种方法显著地改进了计算结果，在其他参数都不改变的情况下，这两种方法得到的结果与解析解更加接近，四级四阶龙格库塔方法精度最高，但计算量也最大.

对于高阶常微分方程，可以降为低阶的微分方程组求解. 令

$$y^{(n)} = f(t, y, y', y'', \cdots, y^{(n-1)})$$

为 n 阶的常微分方程. 定义新的变量 $y_1 = y, y_2 = y', y_3 = y'', \cdots, y_n = y^{(n-1)}$，则原方程为

$$y_n' = f(t, y_1, y_2, y_3, \cdots, y_n), \tag{11-12}$$

合在一起可得微分方程组为

$$\begin{cases} y_1' = y_2 \\ y_2' = y_3 \\ y_3' = y_4 \\ \quad\vdots \\ y_n' = f(t, y_1, y_2, y_3, \cdots, y_n) \end{cases} \tag{11-13}$$

该方程组可以用欧拉法或其他方法求解.

例 11.3　在研究单自由度弹性体系的地震反应分析中, 会涉及二阶常微分方程的求解问题, 经简化后可写成以下形式:

$$\ddot{x}(t) + 2\varsigma\omega\dot{x} + \omega^2 x = -\ddot{x}_g$$

假设体系的初始位移为 $x(0) = 0$, 初始速度为 $\dot{x}(0) = 1$, 作用于单位质量上的动力载荷 $-\ddot{x}_g = \sin t$, 参数 $\varsigma = 0.05, \omega = 20\pi$.

提出以下问题:

(1) 列出降阶后的方程组.

(2) 在 MATLAB 中编写方程组对应的匿名函数, 用四级四阶龙格库塔公式求出该体系地震位移反应 $x(t)$ 随着时间 t 从 0 到 2 的数值变化情况, 并写出求解与绘图的源代码.

(3) 对二自由度体系的情形,

$$\begin{cases} m_1\ddot{x}_1(t) + C_{11}\dot{x}_1 + C_{12}\dot{x}_2 + k_{11}x_1 + k_{12}x_2 = -m_1\ddot{x}_{g_1} \\ m_2\ddot{x}_2(t) + C_{21}\dot{x}_1 + C_{22}\dot{x}_2 + k_{21}x_1 + k_{22}x_2 = -m_2\ddot{x}_{g_2} \end{cases}$$

假设参数 $m_1 = m_2 = 100$, $C_{11} = C_{22} = 2$, $C_{12} = C_{21} = -1$, $k_{11} = k_{22} = 20$, $k_{12} = k_{21} = -10$, $\ddot{x}_{g_1} = -0.01\sin(t)$, $\ddot{x}_{g_2} = -0.02\cos(t)$, 先降阶, 再编写 MATLAB 程序求解二自由度体系的值解并绘出解在时间区间 $[0,30]$ 上的图形.

解: 设 $y_1 = y_1(t) = x(t) = x$, $y_2 = y_2(t) = \dot{x}(t) = \dot{x}$, 再由题设 $x(0) = 0$, $\dot{x}(0) = 1$, $-\ddot{x}_g = \sin t$, $\varsigma = 0.05, \omega = 20\pi$, 则 $\ddot{x}(t) + 2\varsigma\omega\dot{x} + \omega^2 x = -\ddot{x}_g$ 可转化为等价方程组

$$\begin{cases} \dfrac{dy_1}{dt} = y_2 \\ \dfrac{dy_2}{dt} = -2\pi y_2 - 400\pi^2 y_1 + \sin t \\ y_1(0) = 0, y_2(0) = 1. \end{cases}$$

编写 MATLAB 程序, 可以求解.

```
myodes = @(t, y)[ y(2) ; -2*pi*y(2) - 400*pi^2 * y(1) + sin(t)];
t0 = 0; y0 = [0;1]; h = 0.01; N = 200;
[t, y] = RungeKutta44(myodes, t0, y0, h, N);% 四级四阶 Runge - Kutta 法
subplot(1, 2, 1), plot(t, y(:, 1),'k-','linewidth', 1.5)
xlabel('$t$', 'Interpreter','LaTex'), ylabel('$ x(t)$','Interpreter','LaTex')
subplot(1, 2, 2), plot(t, y(:, 2),'r-','linewidth', 1.5)
xlabel('$t$', 'Interpreter','LaTex'), ylabel('$\dot x(t)$','Interpreter','LaTex')
```

运行结果如图 11-5 所示.

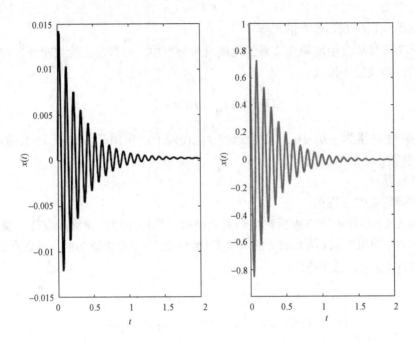

图 11-5　四级四阶龙格库塔公式得到的位移 $x(t)$ 和速度 $\dot{x}(t)$ 的图形

（4）设 $y_1 = y_1(t) = x_1(t) = x_1$，　$y_2 = y_2(t) = \dot{x}_1(t) = \dot{x}_1$，　$y_3 = y_3(t) = x_2(t) = x_2$，
　　　$y_4 = y_4(t) = \dot{x}_2(t) = \dot{x}_2$，

降阶为一阶方程组

$$\begin{cases} \dfrac{\mathrm{d}y_1}{\mathrm{d}t} = y_2 \\[2mm] \dfrac{\mathrm{d}y_2}{\mathrm{d}t} = \dfrac{1}{m_1}(-C_{11}y_3 - C_{12}y_4 - k_{11}y_1 - k_{12}y_3) + \sin t \\[2mm] \dfrac{\mathrm{d}y_3}{\mathrm{d}t} = y_4 \\[2mm] \dfrac{\mathrm{d}y_4}{\mathrm{d}t} = \dfrac{1}{m_2}(-C_{21}y_3 - C_{22}y_4 - k_{21}y_1 - k_{22}y_3) + 2\cos t \end{cases}$$

这里使用 MATLAB 自带的自适应步长的常微分方程解算器 ode45 解微分方程组，程序代码为：

```
m1 = 100; m2 = 100; C11=2; C22=2; C12 = -1; C21 = -1;
k11 = 20; k22 = 20; k12 = -10; k21 = -10;
myodes = @(t, x)[x(2);(-C11*x(2)-C12*x(4)-k11*x(1)-k12*x(3))/m1+sin(t);...
    x(4); (-C21*x(2)-C22*x(4)-k21*x(1)-k22*x(3))/m2+2*cos(t)];
[T, Y] = ode45(myodes,[0, 30],[1 0 3 2]);
plot(T, Y(:, 1),'-', T, Y(:, 3),'.')
xlabel('t'), ylabel('x'), legend('x1','x2')
```

输出结果如图 11-6 所示.

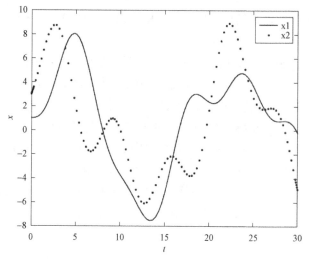

图 11-6　解算器 ode45 求解的两自由度位移 $x_1(t)$ 和 $x_2(t)$ 的图形

11.2　应 用 案 例

在 1940 年 11 月 7 日以前，世界上第三长的悬索桥——Tacoma Narrows 大桥，就已经因其在大风中明显的垂直摇摆而闻名. 那天上午大约 11 点，大桥掉进了普吉湾中. 但大桥垮塌之前的运动主要是扭曲运动，从一侧扭向另外一侧. 这种运动，在那一天之前很少见到，在大桥垮塌之前持续运动了大约 45 min. 扭曲运动最后大到足够折断支撑缆，大桥便迅速地解体了.

图 11-7　Tacoma Narrows 大桥垮塌

关于大桥垮塌的原因，建筑师和工程师从那时起一直争论到现在. 由于空气动力学引起垂直方向的运动，大桥就像机翼一样振动，但是对于严格的垂直方向的运动，大桥整体没有危险，奇怪的是扭曲摆动是如何出现的. 在这里给出一个微分方程模型，以探索扭曲摆动的可能原因.

试图寻找 Tacoma Narrows 大桥事故原因的数学模型由 McKenna 与 Tuama 提出，目的是解释为什么在严格垂直的力的作用下会出现扭曲或扭转，振动会被放大.

考虑在两个悬浮索之间的宽度为 $2l$ 的公路，如图 11-8（a）所示. 考虑二维桥的断面，由于仅仅对侧面到侧面的运动感兴趣，在模型中忽略桥的长度因素. 在静止时，路面由于重力被悬挂在一个特定的高度. 令 y 表示当前路面中心在它的平衡点之下的距离.

胡克（Hooke）定律假设线性响应，即悬索的恢复力和偏移成正比. 令 θ 是路面与水平方向的夹角. 有两个悬索，分别从平衡位置张开 $y - l\sin\theta$ 和 $y + l\sin\theta$. 假定给定的黏性衰减项和速度成正比，应用牛顿第二定律 $F = ma$ 并用 K 表示胡克常数，则关于 y 和 θ 的运动方程如下：

$$\begin{cases} y'' = -dy' - \left[\dfrac{K}{m}(y - l\sin\theta) + \dfrac{K}{m}(y + l\sin\theta) \right] \\ \theta'' = -d\theta + \dfrac{3\cos\theta}{l}\left[\dfrac{K}{m}(y - l\sin\theta) - \dfrac{K}{m}(y + l\sin\theta) \right] \end{cases} \tag{11-14}$$

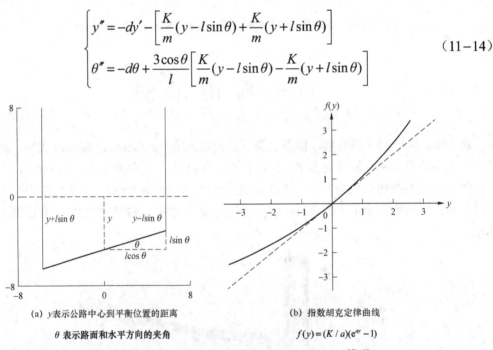

（a）y 表示公路中心到平衡位置的距离

θ 表示路面和水平方向的夹角

（b）指数胡克定律曲线

$f(y) = (K/a)(e^{ay} - 1)$

图 11-8　Tacoma Narrows 大桥的 McKenna-Tuama 模型

但是胡克定律是用于描述弹簧在发生弹性形变时的规律，表达的是线性关系，而 McKenna 和 Tuama 假设悬索伸长拉动时使用更大的力，而在压缩推动时的力较小.（考虑极端情形下的弹簧）将线性胡克定律中恢复力 $f(y) = Ky$ 替换为非线性力 $f(y) = (K/a)(e^{ay} - 1)$，如图 11-8（b）所示. 两个函数在 $y = 0$ 时具有相同的斜率，但对于非线性力，正的 y（拉长的悬索）导致比对应的负 y（缩短的悬索）更强的恢复力. 对前面的式（11-14）替换得到

$$\begin{cases} y'' = -dy' - \dfrac{K}{ma}\left[e^{a(y - l\sin\theta)} - 1 + e^{a(y + l\sin\theta)} - 1 \right] \\ \theta'' = -d\theta + \dfrac{3\cos\theta}{l}\dfrac{K}{ma}\left[e^{a(y - l\sin\theta)} - e^{a(y + l\sin\theta)} \right] \end{cases} \tag{11-15}$$

由于方程成立，状态 $y = y' = \theta = \theta' = 0$ 对应平衡. 现在加上风，在 y 方程右侧加上受力项 $0.2W \sin \omega t$，其中 W 为风速，单位是 km/h. 这使得桥面出现严格垂直的振荡.

可以对物理常数做出有用的估计. 路面单位质量大约为 2 500 kg，弹性常数 K 约为 1 000 N/m，路面大约 12 m 宽. 在这个案例中，衰减系数 $d = 0.01$，胡克非线性系数是 $a = 0.2$. 一个观测者在大桥垮塌前 1 min 内数到 38 次，设 $\omega = 2\pi(38/60)$.

编写程序，使用预估校正法求解微分方程组，运行可生成动画.

```
% 桥面振动动画
% 输入: inter = 时间区间,
% ic = [y(1, 1) y(1, 2) y(1, 3) y(1, 4)] %初值
% n 步数, 画出每个点的步数 p
% 用法: tacoma([0 1000],[1 0 0.001 0], 25000, 5);
function tacoma(inter, ic, n, p)
clf % 清空图形窗口
h=(inter(2) - inter(1))/n;
y(1,:)=ic; % 输入 y 的初值条件
t(1)=inter(1);len=6;
set(gca,'XLim',[-8 8],'YLim',[-8 8], ...
    'XTick',[-8 0 8],'YTick',[-8 0 8]);
cla; % 清空屏幕
axis square % 使比例为 1 - 1
road=animatedline('color','b','LineStyle','-','LineWidth', 1);
lcable=animatedline('color','r','LineStyle','-','LineWidth', 1);
rcable=animatedline('color','r','LineStyle','-','LineWidth', 1);
for k=1:n
    for i=1:p
        t(i+1) = t(i)+h;
        yp = y(i,:)+h*ydot(t(i), y(i,:));
        yc = y(i,:)+h*ydot(t(i), yp);
        y(i+1,:) = (yp+yc)/2;
    end
    y(1,:) = y(p+1,:);t(1)=t(p+1);
    z1(k)=y(1, 1);z3(k)=y(1, 3);
    c=len*cos(y(1, 3));s=len*sin(y(1, 3));
    clearpoints(road);addpoints(road,[-c c],[-s-y(1, 1) s-y(1, 1)])
    clearpoints(lcable);addpoints(lcable,[-c -c],[-s-y(1, 1) 8])
    clearpoints(rcable);addpoints(rcable,[c c],[s-y(1, 1) 8])
    drawnow; pause(h)
```

```
end
function ydot=ydot(t, y)
len=6; a=0.2; W=80; omega=2*pi*38/60;
a1 = exp(a*(y(1)-len*sin(y(3))));
a2 = exp(a*(y(1)+len*sin(y(3))));
ydot(1) = y(2);
ydot(2) = -0.01*y(2)-0.4*(a1+a2-2)/a+0.2*W*sin(omega*t);
ydot(3) = y(4);
ydot(4) = -0.01*y(4)+1.2*cos(y(3))*(a1-a2)/(len*a);
```

使用默认参数，运行 tacoma.m 来观测预想的情况. 路面与水平面夹角 θ 被设成任意非零的小角度，垂直方向的力导致 θ 最终变成一个极大的值，导致路面的一个极大的扭曲. 有趣的是在方程中没有扭曲方向的力；不稳定的"扭曲模式（torsional mode）"会被垂直方向的力完全激发.

进一步的探索如下.

（1）运行 tacoma.m，使用风速 $W = 80\,\mathrm{km/h}$，初始条件 $y = y' = \theta' = 0$，$\theta = 0.001$，如果最终 θ 上的扰动逐渐消失，那么大桥在扭曲维度上是稳定的；如果 θ 角度比原始数值大得多则不稳定. 对于当前 W 的值，会发生哪种结果？

（2）使用四级四阶龙格库塔法改进精度，同时加入新的图形窗口，画出 $y(t)$ 和 $\theta(t)$.

（3）当风速 $W = 50\,\mathrm{km/h}$，系统在扭曲方面是稳定的. 对于小的初始值找出放大因子. 即设 $\theta(0) = 10^{-3}$，找出最大角度 $\theta(t)$ 相对于 $\theta(0)$ 的比率，$0 \leqslant t < \infty$. 对于初始角度 $\theta(0) = 10^{-4}, 10^{-5}, \cdots$，放大因子近似一致吗？

（4）对于小的扰动 $\theta(0) = 10^{-3}$，找出最小风速 W，使得具有 100 或更大的放大率，可以对这个 W 定义为一致放大率吗？

（5）设计并计算实现步骤（4）中计算最小风速的方法，误差在 $0.5 \times 10^{-3}\,\mathrm{km/h}$ 以内. 可能会使用第（1）步中的方程求解器.

（6）尝试 W 的更大值，所有极小的初值都会大到引发灾难吗？

（7）提高衰减系数的结果是什么？对当前值加倍，找到关键风速 W 的变化值. 对于设计，你可以提出可能的变动方法，使得大桥不容易出现扭曲吗？

这是一个数学建模的例子，难以得到方程的解析解，更难以证明定性结果的存在，借助数值解，对不同参数设置得到不同的轨迹，并展示该模型可以生成的现象. 以这种方式，微分方程可以预测行为并解释工程与科学问题.

最后，以滑动摆的数学建模和求解为例，再给出使用自适应变步长的 ode45 求解高阶非线性方程组的例子.

一个单摆悬挂于可沿水平光滑轨道滑动的滑块上，如图 11-9 所示. 滑块质量为 m，单摆摆杆长度为 l，质量不计，摆锤质量为 m'，摆杆与滑块光滑铰接，整个系统在同一竖直平面内运动，研究整个滑动摆系统的运动情况.

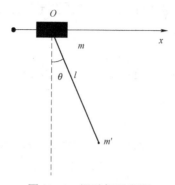

图 11-9　滑动摆示意图

如图 11-9 所示，沿直线水平轨道建立 x 轴，以 x 表示滑块在轨道上的位置，以 θ 表示摆杆与竖直线的夹角. 则系统的 Lagrange 函数为

$$
\begin{aligned}
L = T - V = {} & \frac{1}{2}(m + m')\left(\frac{\mathrm{d}x}{\mathrm{d}t}\right)^2 + \frac{1}{2}m'l^2\left(\frac{\mathrm{d}\theta}{\mathrm{d}t}\right)^2 + \\
& m'l\frac{\mathrm{d}x}{\mathrm{d}t} + m'l\frac{\mathrm{d}x}{\mathrm{d}t}\frac{\mathrm{d}\theta}{\mathrm{d}t}\cos\theta + m'gl\cos\theta
\end{aligned}
\tag{11-16}
$$

令 $M = \dfrac{m'}{m + m'}$，由 Lagrange 方程得系统的运动微分方程

$$
\begin{cases}
\dfrac{\mathrm{d}^2\theta}{\mathrm{d}t^2} = \dfrac{-M\cos\theta\sin\theta\left(\dfrac{\mathrm{d}\theta}{\mathrm{d}t}\right)^2 - \dfrac{g}{l}\sin\theta}{1 - M\cos^2\theta} \\[4mm]
\dfrac{\mathrm{d}^2 x}{\mathrm{d}t^2} = \dfrac{Mg\cos\theta\sin\theta + Ml\sin\theta\left(\dfrac{\mathrm{d}\theta}{\mathrm{d}t}\right)^2}{1 - M\cos^2\theta}.
\end{cases}
\tag{11-17}
$$

用 ode45() 求解常微分方程（组）最重要的一步就是对方程（组）进行降阶处理，使求解方程（组）全部变为一阶微分方程，对于式（11-17），可进行以下处理. 令

$y_1 = \theta, y_2 = \dfrac{\mathrm{d}\theta}{\mathrm{d}t}, y_3 = x, y_4 = \dfrac{\mathrm{d}x}{\mathrm{d}t}$，则式（11-17）可化为 4 个一阶微分方程：

$$
\begin{cases}
\dfrac{\mathrm{d}y_1}{\mathrm{d}t} = y_2, \\[3mm]
\dfrac{\mathrm{d}y_2}{\mathrm{d}t} = \dfrac{-My_2^2\cos y_1\sin y_1 - \dfrac{g}{l}\sin y_1}{1 - M\cos^2 y_1}, \\[3mm]
\dfrac{\mathrm{d}y_3}{\mathrm{d}t} = y_4, \\[3mm]
\dfrac{\mathrm{d}y_4}{\mathrm{d}t} = \dfrac{Mg\cos y_1\sin y_1 + Mly_2^2\sin y_1}{1 - M\cos^2 y_1}.
\end{cases}
\tag{11-18}
$$

下面利用 ode45() 求解方程组（11-18），并用图形表述出来.

```
% 滑动摆数值模拟
clear, clc, close all
g = 9.8; m1 = 3; m2 = 3; l =1; M = m1/(m1+m2);
odefunhdb = @(t, y)[y(2); (-M*sin(y(1))*cos(y(1))*y(2)^2-g/l*sin(y(1)))/
(1-M*cos(y(1))^2);...
     y(4); (M*g*sin(y(1))*cos(y(1))+M*l*sin(y(1))*y(2)^2)/(1-M*cos(y(1))^2)];
%[t, y] = ode45(odefunhdb, [0:0.05:5.5], [pi/4, 0, -cos(pi/4)/2, 0]);
h = 0.05; %时间步长
t = [0:h:5.5]';  % 仿真时间
N = length(t);  % 节点数
p = 4; %变量数
y = zeros(N, p);  % 赋初值
y(1,:) = [pi/4, 0, -cos(pi/4)/2, 0]; % 初值
for n = 1:N-1
     k1 = feval(odefunhdb, t(n), y(n,:));
     k2 = feval(odefunhdb, t(n)+1/2*h, y(n,:)+1/2*h*k1');
     k3 = feval(odefunhdb, t(n)+1/2*h, y(n,:)+1/2*h*k2');
     k4 = feval(odefunhdb, t(n)+h, y(n,:)+h*k3');
     y(n+1,:) = y(n,:)+1/6*h*(k1+2*k2+2*k3+k4)';
end
% 画曲线
figure('color',[1 1 1],'unit','normalized','position',[0.1 0.1 0.45 0.5])
[ax, h1, h2] = plotyy(t, y(:, 3), t, 180*y(:, 1)/pi);        % 双坐标系
xlabel('时间{\it t}','FontName','Times New Roman','FontSize', 20)
ylabel(ax(1),'滑块位置{\it x}','FontName','Times New Roman','FontSize', 20)
ylabel(ax(2),'滑块位置{\it \theta}','FontName','Times New Roman','FontSize',
20)
set(ax(1),'FontName','Times New Roman','FontSize', 20,'xlim',[0, 5.5])
set(ax(2),'FontName','Times New Roman','FontSize', 20,'xlim',[0, 5.5],'ylim',
[-60, 60])
set(h1,'LineStyle','-','Marker','*','LineWidth', 2)
set(h2,'LineStyle','-.','Marker','.','LineWidth', 2)
```

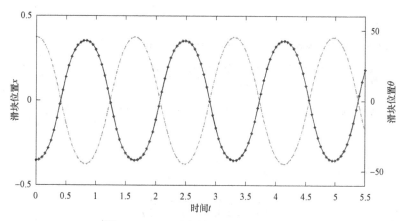

图 11-10　滑动摆的 x 和 θ 的变化曲线

下面是动画演示.

```
% 画滑块
figure('color',[1 1 1],'unit','normalized','position',[0.5 0.5 0.45 0.45])
axis([-0.6 0.6 -1 0.2]), axis equal, axis off, hold on
y1 = -l*cos(y(:, 1));
x1 = y(:, 3) + l.*sin(y(:, 1));
line1 = line([-0.6 0.6],[0 0],'Linewidth', 4,'Color',[0 0 0]) ;%滑轨初始化
line2 = line([0 0],[0 -1],'Linewidth', 1,'LineStyle','-.','Color',[0 0
0]) ;%竖轴初始化
pole = line([y(1, 3), x1(1)],[0, y1(1)],'Color',[1 1 0],'LineStyle','-','LineWidth',
3); %滑杆初始化
block1 = line([y(1, 3) -0.08, y(1, 3)+0.08],[0 0],'Color',[0 0 1],'LineStyle',
'-','LineWidth', 20);% 滑块初始化
block2 = line(x1(1), y(1, 1),'Color',[1 0 0],'Marker','.','markerSize', 60);%
摆锤初始化


for i = 1:length(t)
    set(pole,'xdata',[y(i, 3), x1(i)],'ydata',[0, y1(i)]);
    set(block1,'xdata',[y(i, 3) -0.08, y(i, 3)+0.08],'ydata',[0, 0]);
    set(block2,'xdata', x1(i),'ydata', y1(i));
    drawnow; % 更新滑动摆位置
    pause(0.02);
    % 下面输出 gif 动画
    frame=getframe(gcf);
    im=frame2im(frame);%制作 gif 文件, 图像必须是 index 索引图像
    [I, map]=rgb2ind(im, 20);
```

```
    if i ==1
        imwrite(I, map,'huadongbai.gif','gif',
'Loopcount', inf,'DelayTime', 0.5);%第一次必须创建！
    else
imwrite(I,map,'huadongbai.gif','gif','WriteMode','append','DelayTime', 0.5);
    end
end
```

本章参考文献

[1] 王社良. 抗震结构设计[M]. 5 版. 武汉：武汉理工大学出版社，2021.

[2] 薛毅. 数值分析与科学计算[M]. 北京：科学出版社，2016.

[3] TIMOTHY SAUER. Numerical analysis (3rd ed)[M]. Hoboken: Pearson, 2019.

第12章　基于广义帕累托分布的地震震级
分布尾部特征分析

极值统计在地震预报、地震危险性分析、工程地震安全性评价及地震区划等诸多地震学领域有着广泛应用（Epstein、Lomnitz、Yegulalp、Kuo、陈培善、林邦慧、高孟潭、贾素娟、陈虹、黄忠贤、鄂家全）. 极值分布有 3 种类型：Gumbel（Ⅰ型）、Frechet（Ⅱ型）、Weibull（Ⅲ型），它们可以统一为广义极值分布. 钱小仕等基于广义极值分布给出了若干地震预报分析的公式与方法，并以台湾地区为震例进行了研究，拓展了极值理论的应用范围. 但是利用极值分布作统计分析的不足是仅能利用所研究时间窗中单个数据点信息，例如，在估计最大地震震级分布时，仅使用了年或给定时间区间上的最大震级数据，严重制约获得稳健分布参数估计的数据规模，导致参数估计的统计稳定性降低，概率地震危险性预测的不确定性增大. Balkema、de Haan 和 Pickands 研究指出，对充分大的阈值，随机变量超过阈值的超出量的极限分布为广义帕累托（GPD）分布，为研究随机变量尾部特征提供了统计理论依据. 近年来，国外已有学者将广义帕累托分布引入地震研究，Pisarenko、Sornette 利用广义帕累托分布分析了哈佛地震目录中 18 个地震区的浅层地震地震矩分布；Huyse 等利用太平洋地震工程研究的地面峰值加速度（PGA）数据和基于 Abrahamson‐Silva 衰减模型的 PGA 残差数据比较了对数正态分布与广义帕累托分布的拟合优度.

本章基于广义帕累托分布给出了若干地震活动性参数的估计方法，包括强震震级分布、地震平均复发周期、重现水平和期望重现震级、地震危险性概率和潜在震级上限估计等，并利用 POT 模型对云南地区历史地震资料进行分析，估计该地区强震震级分布并与 G‐R 经验关系作比较，在此基础上计算了各震级档复发时间和未来几年的发震危险性.

12.1　广义帕累托分布与 POT 模型

设 $X_1, X_2, \cdots, X_n$ 为地震震级随机变量列，假设它们相互独立且服从同一分布 $F(x)$，记其最大震级为 $M_n = \max(X_1, X_2, \cdots, X_n)$，若存在 $\{a_n > 0, b_n \in \mathbf{R}\}$ 和非退化分布函数 $H(x)$，使

$$\lim_{n \to \infty} P\left(\frac{M_n - b_n}{a_n} \leqslant x\right) = H(x), \tag{12-1}$$

则称 $H(x)$ 为极值分布，而称分布 $F(x)$ 属于极值分布 $H(x)$ 的最大值吸引场，记作

$F \in \mathrm{MDA}(H)$. Fisher-Tippett（1928）获得了极值分布的 3 种形式，它们也可以统一为广义极值分布：

$$H_\xi(x;\mu,\sigma,\xi)=\exp\left\{-\left(1+\xi\frac{x-\mu}{\sigma}\right)^{-\frac{1}{\xi}}\right\},1+\xi\frac{x-\mu}{\sigma}\geq 0,\sigma>0,\xi\in\mathbf{R},\mu\in\mathbf{R}, \quad （12-2）$$

其中 μ 为位置参数，σ 为尺度参数，ξ 为形状参数. 当 $\xi>0$ 时，对应极值 II 型 Frechet 分布；当 $\xi<0$ 时，对应极值 III 型 Weibull 分布；当 $\xi=0$ 时，对应极值 I 型 Gumbel 分布. 若记 $x^+=\sup\{x:0<F(x)<1\}$ 为分布函数的右端点，称

$$F_u(x)=P(X-u\leq x\,|\,X>u)=\frac{F(x+u)-F(u)}{1-F(u)},x\geq 0 , \quad （12-3）$$

为地震震级 X 的超过阈值 u 的超出量的分布函数，简称超出量分布. Balkema、de Haan 和 Pickands 指出，当 $F\in\mathrm{MDA}(H)$ 时，有

$$\lim_{u\to x^+}\sup_{0\leq x\leq x^+-u}|F_u(x)-G(x;\tilde{\sigma},\xi)|=0 \quad （12-4）$$

其中 $G(x;\tilde{\sigma},\xi)=1-\left(1+\xi\frac{x}{\tilde{\sigma}}\right)^{-1/\xi},x\geq 0,1+\xi\frac{x}{\tilde{\sigma}}\geq 0$，$\tilde{\sigma}=\sigma+\xi(u-\mu)$，为两参数广义帕累托分布. 因此，若最大震级 M_n 近似服从广义极值分布 $H(x;\mu,\sigma,\xi)$，则对充分大的震级阈值 u，震级超出量 $X-u$ 近似服从广义帕累托分布 $G(x;\tilde{\sigma},\xi)$，且两者具有相同的形状参数 ξ. ξ 也称为极值指标，其值反映了分布尾部的收敛性质，ξ 越大，则尾部越厚，尾分布收敛速度越缓慢. 基于广义帕累托分布对超过某一充分大的阈值的所有观测数据进行极值统计建模，渐近地刻画分布的尾部特征模型称为 POT（peaks over threshold）模型.

12.2　POT 模型的应用

钱小仕等基于广义极值分布推导出若干地震危险性预测预报的公式与方法，本节基于广义帕累托分布给出一些相关的地震活动性参数的估计. 记 $\bar{F}(x)=1-F(x)$ 表示震级分布 $F(x)$ 的尾分布；$N_u=\sum_{i=1}^{n}I_{\{X_i>u\}}$ 表示 $X_1,X_2,\cdots,X_n$ 中超过阈值 u 的次数，其中 $I_{\{X_i>u\}}$ 为示性函数，当 $X_i>u$ 时为 1，否则为 0；$\Delta_n(u)=\{i:X_i>u\}$ 表示超过 u 的观测值的下标集；$e(u)=E(X-u\,|\,X>u)$ 为当震级 X 超过 u 时的平均超出量函数，则易计算出基于广义帕累托分布 $G(x;\tilde{\sigma},\xi)$ 的平均超出量函数 $e(u)=\dfrac{\tilde{\sigma}}{1-\xi}+\dfrac{\xi}{1-\xi}u$ 是 u 的线性函数；$e_n(u)=\dfrac{1}{N_u}\sum_{i\in\Delta_n(u)}(X_i-u)$，$u>0$ 为样本平均超出量函数.

12.2.1　强震震级分布估计

由式（12-6）可得 $\bar{F}(u+x)=\bar{F}_u(x)\bar{F}(u)$，其中 $\bar{F}_u(x)$ 为超出量分布的尾，可用广义帕累

托分布近似，$\bar{F}(u)$ 为震级超过阈值 u 的概率，用样本量 $\dfrac{N_u}{n}$ 估计，于是得分布尾部估计：

$$\hat{\bar{F}}(u+x) = \hat{\bar{F}}_u(x)\hat{\bar{F}}(u) = \frac{N_u}{n}\left(1+\hat{\xi}\frac{x}{\hat{\sigma}}\right)^{-1/\hat{\xi}} \tag{12-5}$$

或者分布函数的估计：

$$\hat{F}(y) = 1 - \frac{N_u}{n}\left(1+\hat{\xi}\frac{y-u}{\hat{\sigma}}\right)^{-1/\hat{\xi}} = 1 - \left(1+\hat{\xi}\frac{y-h}{\hat{\sigma}'}\right)^{-1/\hat{\xi}}, y \geq u \tag{12-6}$$

为三参数 h,ξ,σ' 的广义帕累托分布，其中 $h = u + \dfrac{\hat{\sigma}}{\hat{\xi}}\left[\left(\dfrac{N_u}{n}\right)^{\hat{\xi}}-1\right], \hat{\sigma}' = \hat{\sigma}\left(\dfrac{N_u}{n}\right)^{\hat{\xi}}$.

根据式（12-6），若超过某一震级阈值 u 的震级分布为三参数广义帕累托分布 $F(x|u) = 1 - \left(1+\xi\dfrac{x-u}{\tilde{\sigma}}\right)^{-1/\xi}$，则对另一阈值 $u_1 > u$，在震级超过新阈值 u_1 的条件下震级分布

$$F(x|u_1) = \frac{F(x|u)-F(u_1|u)}{1-F(u_1|u)} = 1 - \left(1+\xi\frac{x-u_1}{\sigma'}\right)^{-1/\xi}, \quad \sigma' = \tilde{\sigma}+\xi(u_1-u), \tag{12-7}$$

仍为广义帕累托分布，且形状参数保持不变. 因此，基于超阈值震级分布的 POT 模型具有理论上的阈值分布稳定性.

12.2.2　平均复发周期估计

假设地震数据为日观测数据，一年按 365 天计算，若震级分布为三参数广义帕累托分布 $G(x;u,\tilde{\sigma},\xi)$，则发生震级为 x 的地震平均复发周期为：

$$T(x) = 1/365[1-G(x;u,\tilde{\sigma},\xi)] \tag{12-8}$$

12.2.3　重现水平估计

对给定概率 p，根据式（12-5）不超过概率 p 的发震震级（p-分位数）为：

$$\hat{x}_p = u + \frac{\hat{\sigma}}{\hat{\xi}}\left\{\left[\frac{n}{N_u}(1-p)\right]^{-\hat{\xi}}-1\right\} \tag{12-9}$$

若假设地震数据为日观测数据，则 T 年重现期的重现水平相当于 $p = 1 - \dfrac{1}{365T}$ 的分位数 $\hat{x}_p$.

重现水平估计只是估计了发震超过某一震级的可能性，不能确定当超过该震级地震发生时可能的地震震级大小. 为解决这一问题，提出期望重现震级概念，以期为发震震级预测提供一种新的途径. 称 $E(X|X>x_p)$ 为期望重现震级，表示当发震震级超过特定水平 x_p 下该震级平均大小，记为 $\bar{x}_p$，则

$$\bar{x}_p = E(X|X>x_p) = \frac{1}{\bar{F}(x_p)}\int_{x_p}^{x^+} x\mathrm{d}F(x) = x_p + E(X-x_p|X>x_p) = x_p + e(x_p) \tag{12-10}$$

为震级分布的 p-分位数与平均超出量函数之和. 当震级分布为三参数广义帕累托分布 $G(x;u,\tilde{\sigma},\xi)$ 时，可以获得期望重现震级的估计：

$$\hat{\bar{x}}_p = \hat{x}_p + \frac{\hat{\sigma}}{1-\hat{\xi}} + \frac{\hat{\xi}}{1-\hat{\xi}}(\hat{x}_p - u) = \frac{\hat{x}_p}{1-\hat{\xi}} + \frac{\hat{\sigma} - \hat{\xi}u}{1-\hat{\xi}}. \tag{12-11}$$

12.2.4　地震危险性概率

未来 T 年发震震级超过 x 的概率：

$$P(\min\{m : X_m \geqslant x\} \leqslant 365T) = 1 - [G(x; u, \tilde{\sigma}, \xi)]^{365T} \tag{12-12}$$

12.2.5　潜在震级上限估计

当形状参数 $\xi < 0$ 时，对应分布有有限右端点，即震级分布有上限：

$$\hat{x}^+ = u - \frac{\hat{\sigma}}{\hat{\xi}}. \tag{12-13}$$

12.3　应 用 案 例

12.3.1　资料选取

2005 年 10 月 31 日前数据来源于国家自然科学基金委员"中国西部环境与生态科学数据中心"（http://westdc.westgis.ac.cn）. 该目录包括公元前 2300 年至公元 2005 年间发生在全国各地的各级地震，共 33 万余条目录，每条目录包括发震时间、震中经纬度、震源深度和震级. 2005 年 11 月 1 日至 2010 年 12 月 31 日数据来源于中国地震信息网（http://www.csi.ac.cn）提供的测震目录. 地震震级采用面波震级 M_s，在 M_s 缺失部分利用面波震级 M_s 与近震震级 M_L 之间的转换关系式（汪素云等）：$M_s = 1.13M_L - 1.08$，将近震震级转换为 M_s. 从中选取云南地区（21°～29°N，97°～106°E）1900—2010 年间地震目录（包含川渝地区和中缅交界地区的部分地震），并进行余震删除. 余震删除方法采用 C–S 余震时空窗（陈凌等），经余震删除后共有 74 159 个震级数据，其中 $M_s \geqslant 5.0$ 的地震共 539 次，$M_s \geqslant 6.0$ 的地震共 122 次，$M_s \geqslant 7.0$ 的地震共 17 次.

由于 POT 模型主要针对震级分布的尾部，即强震震级特征的分析，因此需考虑强震目录的完整性. 图 12-1 给出了 1900—2010 年云南地区 $M_s \geqslant 5.0$ 的地震震中分布和 M–t 图. 由图 12-1（b）可见，大致在 1930 年前后，地震记载开始丰富起来. 相关研究表明，20 世纪 30 年代以后该地区 5 级以上地震记录才较为完整（黄玮琼、皇甫岗、李中华、苏有锦等）. 结合本章阈值的选择，选取 1930 年作为 5 级以上地震目录基本完整的起始年. 共获得 74 102 个震级数据，其中 $M_s \geqslant 5.0$ 的地震共 487 次，$M_s \geqslant 6.0$ 的地震共 107 次，$M_s \geqslant 7.0$ 的地震共 15 次. 为了比较广义帕累托分布与基于 G–R 关系的指数分布的拟合效果，选择震级数据较好地符合 G–R 关系式的最小震级作为起始震级. 图 12-2 是 1930—2010 年的 G–R 关系拟合，从图中可以看出云南地区 $M_s \geqslant 2.0$ 的地震较好符合 G–R 关系式，2.0 级以下地震明显偏离上述关系，因此在本章震例计算中，震级下限取为 $M_s \geqslant 2.0$.

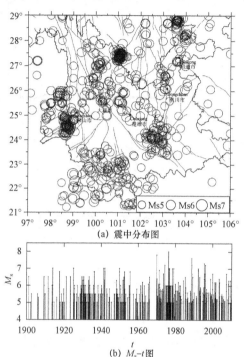

(a) 震中分布图

(b) $M_s\text{-}t$ 图

图 12-1　1900—2010 年云南地区 $M_s \geqslant 5.0$
的地震震中分布图和 $M_s\text{-}t$ 图

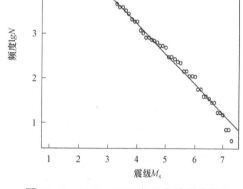

图 12-2　1930—2010 年云南地区地震的
震级频度关系

12.3.2　阈值选取与模型诊断

用广义帕累托分布拟合超出量时，首要的问题是阈值 u 的选取. u 值太大将只有少数几个超出量，数据量太少会导致估计量方差过大；u 值太小将使得超出量分布与广义帕累托分布出现较大偏差，估计量成为有偏估计，误差增大. 因此在 u 的选取上需要综合考虑偏和方差. 在实际操作中，阈值一般依据样本平均超出量函数是否呈直线形来选取. 对某个阈值 u_0 之后的 u，当样本平均超出量函数在一条直线附近波动时，点 u_0 通常就可以作为阈值. 图 12-3 是云南地区震级数据的样本平均超出量函数图及相应的 95% 置信区间. 由图 12-3 可见，震级在区间（4.0，5.0）以上的部分近似呈直线形，可在此区间内选取阈值，但是选取仍存在一定程度的任意性. 为解决图 12-3 中阈值选取的问题，可以利用不同阈值选取下参数 ξ 和 $\tilde{\sigma}$ 估计值变化的稳定状况进行阈值的进一步判断.

图 12-4 是广义帕累托分布参数估计在不同阈值选取下的变化图，其中修正的尺度参数为 $\sigma^* = \tilde{\sigma} - \xi u$，对于适当选定的阈值，相应的超出量服从广义帕累托分布，则形状参数和修正的尺度参数的估计应保持不变. 从图 12-4 可以看出，当阈值在区间（4.0，5.0）时，参数估计比较稳定. 根据极值理论，为保证极值模型的准确性，应在参数估计值于所选阈值附近呈平稳性的基础上尽量选取较大的阈值，所以取云南地区震级尾部阈值 $u=5.0$. 此时，超阈值

数据达 320 个，约占总量 48 456 的 0.66%，不超过 1%，因此可以较好地满足尾部极值建模的条件.

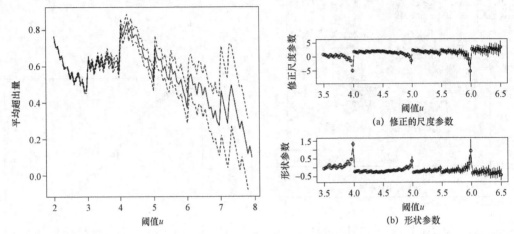

图 12-3　云南地区震级数据样本平均超出量函数图　图 12-4　广义帕累托分布参数估计随阈值变化及相应的 95% 置信区间

阈值选定后，需对广义帕累托分布拟合状况进行诊断. 图 12-5（a）为累计概念比较图，图 12-5（b）为分位数比较图，图 12-5（c）为重现水平图，图 12-5（d）为尾部密度曲线的估计与直方图. 从图 12-5 可以看出，各散点数据基本紧密围绕各参考线分布，表明拟合状态良好，利用 POT 模型分析云南地区震级分布特征较适宜.

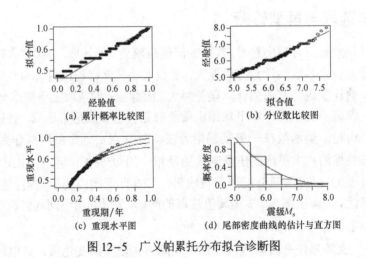

图 12-5　广义帕累托分布拟合诊断图

12.3.3　地震活动性参数估计

在取定阈值后，广义帕累托分布的参数可用矩估计法、极大似然法、概率权矩法、L-矩法等进行估计（史道济）. 本节利用 R 软件（http://www.r-project.org/）中 ismev 工具包，采用极大似然法估计广义帕累托分布的参数，得 $(\hat{\xi}, \hat{\sigma}) = (-0.287, 0.955)$，相应的对数似然函数值为 212.95，参数估计的协方差矩阵近似为 $\begin{pmatrix} 0.001 & -0.002 \\ -0.002 & 0.004 \end{pmatrix}$，$\hat{\xi}$ 和 $\hat{\sigma}$ 的标准误差分别为 0.032 9 和 0.060 3，于是可得 ξ 的 95% 置信区间为 $[-0.351, -0.222]$. 从 ξ 的 95% 置信区间可以看出，ξ 为负值，所以广义帕累托分布有有限的右端点，即云南地区震级有上限. 进一步，通过式（12–13）获得震级上限的估计：$M_{\max} = 8.3$，通过 $\hat{\xi}$ 和 $\hat{\sigma}$ 的置信区间，计算出最大震级的区间估计为 [7.4，9.8]，对比云南地区所给地震目录资料范围内的历史最大震级（8.0 级），说明广义帕累托分布不仅可以作为确定潜在震源区最大震级上限的一种有效方法，同时还给出了震级上限不确定性的度量. 此外，在工程抗震中，潜在震级上限的确定总是与特定建筑结构的使用年限相联系，即给定年限内可能出现的最大地震，根据前节所述，这相当于要估计分布的高分位数. 图 12–6 为百年重现期所对应的 99.997% 分位数随阈值变化的估计，可以看出，阈值选择在 $4.0 \leqslant M_s \leqslant 6.0$ 重现水平估计表现出较高的稳定性，基本在 M_s =7.6 左右波动，表明高分位数估计在一定范围内受阈值选取的影响较小，而且在实际应用中还可以根据建筑结构的抗震要求选择相应的高分位数作为上限估计，因此利用高分位数估计潜在震级上限不仅具备使用的灵活性，而且还具有一定的估计稳定性，同时还可以给出估计不确定性的定量表示.

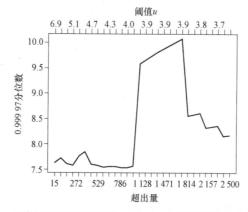

图 12–6　百年重现期所对应的 99.997% 分位数随阈值变化的估计

苏有锦和李中华研究了云南地区 6 级以上强震时间分布特征，统计得到 $M_s \geqslant 6.0$ 的平均间隔为 1.27 a、$M_s \geqslant 6.5$ 的平均间隔为 2.75 a、$M_s \geqslant 7.0$ 的平均间隔为 8.21 a，实际地震有 60% 以上均发生在平均间隔时间内. 本节利用广义帕累托分布估计相应复发时间间隔的震级水平，图 12–7 是重现期为 1.27 a 的震级重现水平轮廓对数似然估计图，复发震级的最大似然估计为 M_s =5.91，95% 的置信区间为 [5.82，6.01]. 类似地，表 12–1 给出了云南地区地震震级重现水平估计. 表 12–2 给出了云南地区地震危险性分析. 从表 12–1 的点估计和表 12–2 的复发周期可以看出，基于广义帕累托分布估计的复发震级和复发周期与苏有锦和李中华的结果基本一致，各震级复发周期相对于苏有锦和李中华给出的平均复发间隔稍高，但均处于 0.5σ 方差线内. 表 12–2 的概率估计表明，云南地区未来一段时间内 $M_s \geqslant 5$ 级的地震发生危险性较高.

表 12-1　云南地区发震震级重现水平估计

重现期	1.27a	2.75a	8.21a	30a	50a	100a
点估计	5.91	6.39	6.91	7.35	7.49	7.64
区间估计	[5.82，6.01]	[6.28，6.51]	[6.79，7.06]	[7.21，7.57]	[7.35，7.73]	[7.49，7.93]
期望重现震级	6.45	6.83	7.23	7.57	7.69	7.79

表 12-2　云南地区地震危险性分析

震级 M_s	5.0	5.5	6.0	6.5	7.0	8.0
复发周期 T/a	0.41	0.73	1.44	3.35	10.19	1 317.77
1 a 发震概率	0.91	0.75	0.50	0.26	0.09	0.00
5 a 发震概率	1.0	1.0	0.97	0.78	0.39	0.00

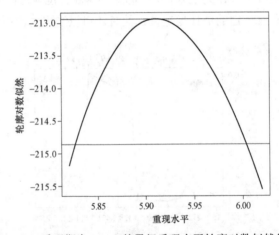

图 12-7　重现期为 1.27 a 的震级重现水平轮廓对数似然估计

在参数估计的基础上，由式（12-6）可得强震震级分布函数的估计为

$$F(x) = 1 - 0.006\,6[1 - 0.3(x - 5)]^{3.484}, x \geqslant 5. \tag{12-14}$$

Gutenberg 和 Richter 提出的震级-频度经验公式，已成为地震学中最基础的定律之一，在地震活动性研究与地震危险性预测的实践中被广泛引用. 在地震活动平稳性假设下，相当于地震震级分布为指数分布（陈培善、林邦慧）. 图 12-8 给出了云南地区 $M_s \geqslant 5.0$ 的地震资料的经验分布（圆圈）、基于广义帕累托分布的震级分布拟合（实线）和基于 G-R 关系式的指数分布拟合（虚线）比较. 从图 12-8 可以看出，在尾部区域对给定的尾概率水平 $1 - F(x)$，G-R 经验关系在 5～6 级段低估而在 7 级以上高估发震震级或危险性，而广义帕累托分布的估计总体上与实际数据拟合良好，而且给出了震级应有上限的一种自然描述，无须像指数分布那样通过人为的右截断（Cosentino 等）来描述震级分布.

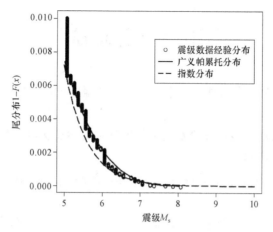

图 12-8　云南地区强震震级分布的广义帕累托分布拟合与指数分布拟合比较

12.4　结果与讨论

一般来说，基于独立同分布随机变量的极值建模有两种基本统计模型：一种是经典的极值分析 EVT 方法——仅利用研究时间窗中最大值数据信息；另一种是超阈值分析 POT 方法——利用超过给定阈值的所有数据信息. 本章基于广义帕累托分布给出了地震活动性分析的几种公式，包括强震震级分布的估计、重现期与重现水平的预测、给定时间内地震危险性概率和震级上限的确定等，利用 POT 模型对云南地区历史地震资料进行分析，结果表明，云南地区震级资料用广义帕累托分布拟合较好，在参数估计的基础上，获得云南地区强震震级分布为 $F(x) = 1 - 0.006\,6[1 - 0.3(x-5)]^{3.484}, x \geqslant 5$. 通过与 G-R 关系式的对比发现，基于 G-R 关系的指数分布在强震级端可能或低或高地估计了地震危险性，而基于 POT 模型的广义帕累托分布则与实际资料吻合良好，而且 POT 模型具备严格的数学理论依据.

最大地震震级是描述区域地震活动性的一个基本参数，地震学家们已发展了多种最大地震震级的确定方法（陈颙、陈凌），对各种震级上限确定方法的不确定性也有研究（冉洪流）. 本章指出，若震级分布可以用广义帕累托分布拟合，则最大震级及其不确定性可以通过参数估计方法得到，为确定震级上限增添了一种新的途径.

基于广义帕累托分布的云南强震复发时间的估计与苏有锦和李中华通过对实际地震资料发震间隔统计得到的结果基本一致，表明利用 POT 模型估计地震复发时间具有一定的实际意义. 对云南地区未来 1 a、5 a 强震发生概率的估计可以发现，未来该地区中强震发生的危险性偏高，应引起重视.

重现水平估计只是给出了超过某一震级的地震发生的可能性，不能确定实际可能发生的地震大小，本章提出了期望重现震级概念，计算在超过某震级地震发生时发震震级的平均大小，关于期望重现震级在实际应用中的效果，还有待进一步研究.

本章参考文献

[1] 陈培善，林邦慧. 1973. 极值理论在中长期地震预报中的应用[J]. 地球物理学报，1973，16（1）：6-24.

[2] 陈虹，黄忠贤. 应用混合极值理论及最大似然法估计中国大陆地震危险性[J]. 地震学报，1995，17（2）：264-269.

[3] 陈凌，刘杰，陈颙，等. 地震活动性分析中余震的删除[J]. 地球物理学报，1998，41（S1）：244-252.

[4] 陈颙，陈凌. 地震危险性分析中最大地震震级的确定[J]. 地球物理学报，1999，42（3）：351-352.

[5] 高孟潭，贾素娟. 极值理论在工程地震中的应用[J]. 地震学报，1988，10（3）：317-326.

[6] 黄玮琼，李文香，曹学锋. 中国大陆地震资料完整性研究之二：分区地震资料基本完整的起始年分布图象[J]. 地震学报，1994，16（4）：423-432.

[7] 皇甫岗，李中华. 20 世纪云南地区地震记录完全性评价[J]. 地震研究，2010，33（1）：1-6.

[8] 贾素娟，鄢家全. 利用历史地震影响烈度的统计特性进行地震区划[J]. 地震研究，1996，19（3）：277-285.

[9] 钱小仕，王福昌，曹桂荣，等. 广义极值分布在地震危险性分析中的应用[J]. 地震研究，2012，35（1）：73-78.

[10] 冉洪流. 潜在震源区震级上限不确定性研究[J]. 地震学报，2009，31（4）：396-402.

[11] 史道济. 实用极值统计方法[M]. 天津：天津科学技术出版社，2006，83-85.

[12] 苏有锦，李中华. 云南地区 6 级以上强震时间分布特征及其概率预测模型研究[J]. 地震研究，2011，34（1）：1-7.

[13] 汪素云，高阿甲，冯义钧，等. 中国地震目录间的对比及标准化[J]. 地震，2010，30（2）：38-45.

[14] BALKEMA A, DE HAAN L. Residual life time at great age[J]. Annals of probability, 1974, 2（5）：792-804.

[15] COSENTINO P, FICARA V, LUZIO D. Truncated exponential frequency-magnitude relationship in the earthquake statistics[J]. Bulletin of the seismological society of America, 1977, 67（6）：1615-1623.

[16] EPSTEIN B, LOMNITZ C. A model for the occurrence of large earthquakes[J]. Nature, 1966, 211: 954-956.

[17] FISHER R, TIPPETT L H. Limiting forms of the frequency distribution of the largest or smallest member of a sample[J]. Mathematical proceedings of the cambridge philosophical society, 1928, 24（2）：180-190.

[18] GUTENBERG B, RICHTER C. Earthquake magnitude, intensity, energy, and acceleration

(second part) [J]. Bulletin of the seismological society of America, 1956, 46（2）：105-145.

[19] HUYSE L, CHEN R, STAMATAKOS J A. Application of generalized pareto distribution to constrain uncertainty in peak ground accelerations[J]. Bulletin of the seismological society of America, 2010, 100(1): 87-101.

[20] PICKANDS J. Statistical inference using extreme order statistics[J]. The annals of statistics 1975, 3（1）：119-131.

[21] PISARENKO V F, SORNETTE D. Characterization of the frequency of extreme earthquake events by the generalized pareto distribution[J]. Pure and applied geophysics, 2003, 160（12）：2343-2364.

[22] YEGULALP T M, KUO J A. Statistical prediction of the occurrence of maximum Magnitude earthquakes[J]. Bulletin of the seismological society of America, 1974, 64（2）：393-414.

第13章 Weibull 分布的参数估计方法与应用

Weibull 分布是可靠性工程中应用最广泛的寿命分布分析方法之一，可靠性建模一般使用 Weibull 分布建立. Weibull 分布是一种多用途分布，可以根据形状参数的值来呈现其他类型分布的特征. Weibull 分布一般分为三参数 Weibull 分布、二参数 Weibull 分布、一参数 Weibull 分布和混合 Weibull 分布.

平时工作中经常使用的是二参数 Weibull 分布. 但是，根据实践经验，对于开始使用时有一时间段内不发生故障的情况、损耗型失效（如磨损、疲劳、腐蚀、老化等，这些缺陷从生成到失效往往需要一定的时间积累，例如，轴承、制动片的磨损、疲劳与工作时间及累积工作次数相关）为特征的机械零部件等特殊产品或特殊情况，使用二参数 Weibull 分布分析往往得到的估计结果误差较大. 此时，使用三参数 Weibull 分布进行拟合及参数估计，可以得到更高的精度. 与二参数 Weibull 分布相比，三参数 Weibull 分布更能反映产品可靠性的实际情况.

同时，使用三参数 Weibull 分布分析，除了得到平时关心的平均寿命之外，还可以通过三参数 Weibull 分布分析得到最小寿命（三参数 Weibull 分布的位置参数值），这对于关键零部件的可靠性评估也非常重要.

由于三参数 Weibull 分布模型包含 3 个参数，参数估计的计算变得复杂，尤其是实际工程中还包含各种各样的删失试验数据，此时，处理三参数 Weibull 分布的参数估计问题更为复杂. 三参数 Weibull 分布最常用的参数估计方法是极大似然法.

本章首先给出 Weibull 分布的定义，其次给出常用的参数估计方法，最后给出一个应用案例.

13.1 Weibull 分布定义

Weibull 分布是一种连续型随机变量，它的概率密度函数为

定义 13–1 若连续型随机变量 T 的概率密度函数为

$$f(t;\alpha,\beta,\gamma) = \frac{\beta}{\alpha}\left(\frac{t-\gamma}{\alpha}\right)^{\beta-1}\exp\left[-\left(\frac{t-\gamma}{\alpha}\right)^{\beta}\right], \tag{13-1}$$

其中 $f(t) \geqslant 0, t \geqslant \gamma$，$\alpha > 0$，$\beta > 0$，$\gamma \in \mathbf{R}$，则称随机变量 T 服从参数为 α、β 和 γ 的三参数 Weibull 分布，记为 $T \sim \mathrm{Wei}(\alpha,\beta,\gamma)$，且称 α 为尺度参数（scale parameter or characteristic life），β 为形状参数（shape parameter or slope），γ 为位置参数（location parameter or failure free life，无故障寿命）．

定义 13-2　在三参数 Weibull 分布中，令 $\gamma = 0$，则随机变量 T 的概率密度函数为

$$f(t;\alpha,\beta) = \frac{\beta}{\alpha}\left(\frac{t}{\alpha}\right)^{\beta-1}\exp\left[-\left(\frac{t}{\alpha}\right)^{\beta}\right], \quad t \geq 0, \tag{13-2}$$

则称随机变量 T 服从参数为 α、β 的二参数 Weibull 分布，记为 $T \sim \text{Wei}(\alpha,\beta)$．

定义 13-3　在二参数 Weibull 分布中，令 $\beta = C$ 为已知常数，从过去经验或类似产品中可得

$$f(t;\alpha) = \frac{C}{\alpha}\left(\frac{t}{\alpha}\right)^{C-1}\exp\left[-\left(\frac{t}{\alpha}\right)^{C}\right], \quad t \geq 0, \tag{13-3}$$

在上面的三种定义中，最常用的是二参数 Weibull 分布．本章重点以二参数 Weibull 分布为基础进行研究．

在二参数 Weibull 分布中，令 $\alpha = \theta > 0$，$\beta = 1$，则概率密度函数变为

$$f(t;\theta) = \frac{1}{\theta}\exp\left[-\frac{1}{\theta}t\right], \quad t \geq 0, \tag{13-4}$$

这时随机变量 T 服从参数为 θ 的指数分布．

在二参数 Weibull 分布中，令 $\alpha = \sqrt{2}\sigma > 0$，$\beta = 2$，则概率密度函数变为

$$f(t;\sigma) = \frac{t}{\sigma^2}\exp\left[-\frac{t^2}{2\sigma^2}\right], \quad t \geq 0, \tag{13-5}$$

这时随机变量 T 服从 Rayleigh 分布．

为了观察参数对概率密度的影响，可以用 MATLAB 编写程序进行观察．如下面代码就是讨论形状参数 β 的影响（见图 13-1）．

```
% shape parameter beta
beta = [0.5,1,3];
h = figure('color',[1,1,1]);% 强制背景白色
alpha = 2; % scale parameter
gamma = 0; % location parameter
hold on
t = 0:0.1:8;
for k = 1:3
    ft = beta(k)/alpha*((t-gamma)/alpha).^(beta(k)-1).*exp(-((t-gamma)/
alpha).^beta(k));
    switch k
        case 1
            plot(t,ft,'linewidth',2);
        case 2
```

```
            plot(t,ft,'k--','linewidth',2);
        otherwise
            plot(t,ft,'r.','markersize',5);
        end
    end
    legend('$\alpha = 2,\beta = 0.5$','$\alpha = 2,\beta = 1$','$\alpha = 2,\beta
= 3$','interpreter','latex')
```

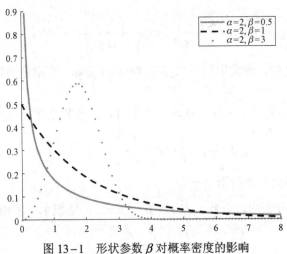

图 13-1　形状参数 β 对概率密度的影响

也可以修改参数值画出其他情形和尺度参数 α 的影响.

13.2　矩　估　计

矩估计是一种理论上基于大数定律的估计方法，这里介绍普通的矩估计和 L-矩估计两种常用估计方法，分别针对二参数和三参数 Weibull 分布进行参数估计.

13.2.1　矩估计简介

先讨论二参数 Weibull 分布的矩估计，因为要估计参数 α，β，因此需要列两个方程，即求随机变量 T 的一阶矩 $E(T)$ 和二阶矩 $E(T^2)$，然后解方程. 因为

$$E(T) = \int_0^{+\infty} tf(t)\mathrm{d}t = \int_0^{+\infty} t \cdot \frac{\beta}{\alpha}\left(\frac{t}{\alpha}\right)^{\beta-1} \exp\left[-\left(\frac{t}{\alpha}\right)^{\beta}\right]\mathrm{d}t = \alpha\Gamma\left(1 + \frac{1}{\beta}\right) \qquad (13-6)$$

其中 $\Gamma(\,\bullet\,)$ 为 Gamma 函数，定义为 $\Gamma(x) = \int_0^{+\infty} z^{x-1}\mathrm{e}^{-z}\mathrm{d}z\,(x > 0)$.

$$E(T^2) = \int_0^{+\infty} t^2 f(t)\mathrm{d}t = \int_0^{+\infty} t^2 \cdot \frac{\beta}{\alpha}\left(\frac{t}{\alpha}\right)^{\beta-1} \exp\left[-\left(\frac{t}{\alpha}\right)^{\beta}\right]\mathrm{d}t = \alpha^2\Gamma\left(1 + \frac{2}{\beta}\right) \qquad (13-7)$$

所以以样本矩 $A_1 = \dfrac{1}{n}\displaystyle\sum_{i=1}^{n}T_i$ 代替 $E(T)$，以 $A_2 = \dfrac{1}{n}\displaystyle\sum_{i=1}^{n}T_i^2$ 代替 $E(T^2)$，解下面方程组即可得

参数 $\alpha,\ \beta$ 的矩估计.

$$
\begin{cases}
A_1 = \alpha\Gamma\left(1+\dfrac{1}{\beta}\right) \\[3mm]
\dfrac{A_2}{A_1^2} = \dfrac{\Gamma\left(1+\dfrac{2}{\beta}\right)}{\Gamma^2\left(1+\dfrac{1}{\beta}\right)}
\end{cases}
\tag{13-8}
$$

注意：这个方程组没有解析解，可以用数值方法先解 $\hat{\beta}$，再求 $\hat{\alpha}$.

这里给出计算机模拟结果，来验证方法的正确性. 先给出程序 WBLFITMOM(),再给出调用方法和测试程序.

```
function [alpha, beta, fval] = WBLFITMOM(T)
A1 = mean(T);   % 一阶矩
A2 = mean(T.^2);% 二阶矩
fitmiss = @(beta)abs(A1^2*gamma(1+2/beta)-A2*gamma(1+1/beta)^2);
[beta,fval] = fminbnd(fitmiss,0.1,20); % 数值优化求 beta 的估计
alpha = A1/gamma(1/beta+1); %由 beta 估计 alpha
end
```

测试代码为：

```
alpha = 5; beta = 2; % 预设 Weibull 分布参数
n = 100; T = alpha*(-log(rand(1,n))).^(1/beta); % 产生随机数
[alpha,beta,fval] = WBLFITMOM(T) % 给出参数估计
```

运行结果为：

```
alpha =
    5.0309
beta =
    2.0895
fval =
    1.7071e-07
```

可见程序给出了正确结果.

下面再给出三参数 Weibull 分布的矩估计. 因为三参数 Weibull 分布函数为

$$
F(t;\alpha,\beta,\gamma) = F(t) = 1 - \exp\left[-\left(\frac{t-\gamma}{\alpha}\right)^{\beta}\right],\quad t \geq \gamma > 0,\ \alpha > 0,\ \beta > 0,\tag{13-9}
$$

对应的概率密度函数为

$$f(t;\alpha,\beta,\gamma) = f(t) = \frac{\beta}{\alpha}\left(\frac{t-\gamma}{\alpha}\right)^{\beta-1}\exp\left[-\left(\frac{t-\gamma}{\alpha}\right)^{\beta}\right], \qquad (13-10)$$

按照矩估计原理，求随机变量 T 的原点矩为

$$\mu_k = E(T^k) = \int_{\gamma}^{+\infty} t^k f(t)\mathrm{d}t = \int_{\gamma}^{+\infty} t^k \cdot \frac{\beta}{\alpha}\left(\frac{t-\gamma}{\alpha}\right)^{\beta-1}\exp\left[-\left(\frac{t-\gamma}{\alpha}\right)^{\beta}\right]\mathrm{d}t \qquad (13-11)$$

令 $x = \left(\dfrac{t-\gamma}{\alpha}\right)^{\beta}$，$t=\gamma, x=0$，$t\to\infty, x\to\infty$，$t = \gamma + \alpha x^{\frac{1}{\beta}}$，$\mathrm{d}t = \dfrac{\alpha}{\beta}x^{\frac{1}{\beta}-1}\mathrm{d}x$，则

$$\mu_k = \int_0^{+\infty}(\gamma + \alpha x^{\frac{1}{\beta}})^k \frac{\beta}{\alpha}x^{\frac{\beta-1}{\beta}}\mathrm{e}^{-x}\cdot\frac{\alpha}{\beta}x^{\frac{1}{\beta}-1}\mathrm{d}x = \int_0^{+\infty}(\gamma + \alpha x^{\frac{1}{\beta}})^k\mathrm{e}^{-x}\,\mathrm{d}x$$

$$= \int_0^{+\infty}\sum_{i=0}^{k}C_k^i\alpha^i x^{\frac{1}{\beta}i}\gamma^{k-i}\mathrm{e}^{-x}\,\mathrm{d}x = \sum_{i=0}^{k}C_k^i\alpha^i\gamma^{k-i}\int_0^{+\infty}x^{\frac{1}{\beta}i}\mathrm{e}^{-x}\,\mathrm{d}x$$

$$= \sum_{i=0}^{k}C_k^i\alpha^i\gamma^{k-i}\Gamma\left(1+\frac{i}{\beta}\right)$$

故

$$\mu_k = \sum_{i=0}^{k}C_k^i\alpha^i\gamma^{k-i}\Gamma\left(1+\frac{i}{\beta}\right) \qquad (13-12)$$

所以

$$\mu_1 = E(T) = \gamma + \alpha\Gamma\left(1+\frac{1}{\beta}\right) \qquad (13-13)$$

$$\mu_2 = E(T^2) = \gamma^2 + 2\alpha\gamma\Gamma\left(1+\frac{1}{\beta}\right) + \alpha^2\Gamma\left(1+\frac{2}{\beta}\right), \qquad (13-14)$$

$$\mu_3 = E(T^3) = \gamma^3 + 3\alpha\gamma^2\Gamma\left(1+\frac{1}{\beta}\right) + 3\alpha^2\gamma\Gamma\left(1+\frac{2}{\beta}\right) + \alpha^3\Gamma\left(1+\frac{3}{\beta}\right), \qquad (13-15)$$

为便于计算，求随机变量 T 的二阶中心距，即方差为

$$D(T) = \mu_2 - \mu_1^2 = \gamma^2 + 2\alpha\gamma\Gamma\left(1+\frac{1}{\beta}\right) + \alpha^2\Gamma\left(1+\frac{2}{\beta}\right) - \left(\gamma + \alpha\Gamma\left(1+\frac{1}{\beta}\right)\right)^2$$

$$= \gamma^2 + 2\alpha\gamma\Gamma\left(1+\frac{1}{\beta}\right) + \alpha^2\Gamma\left(1+\frac{2}{\beta}\right) - \left(\gamma^2 + 2\alpha\gamma\Gamma\left(1+\frac{1}{\beta}\right) + \alpha^2\Gamma^2\left(1+\frac{1}{\beta}\right)\right)$$

$$= \alpha^2\left(\Gamma\left(1+\frac{2}{\beta}\right) - \Gamma^2\left(1+\frac{1}{\beta}\right)\right)$$

$$(13-16)$$

再求随机变量 T 的偏度为

$$\mathrm{Skew}(T) = \frac{\mu_3 - 3\mu_1\mu_2 + 2\mu_1}{(\mu_2 - \mu_1)^{3/2}}$$

$$= \frac{\gamma^3 + 3\alpha\gamma^2\Gamma\left(1+\dfrac{1}{\beta}\right) + 3\alpha^2\gamma\Gamma\left(1+\dfrac{2}{\beta}\right) + \alpha^3\Gamma\left(1+\dfrac{3}{\beta}\right) - 3\left(\gamma + \alpha\Gamma\left(1+\dfrac{1}{\beta}\right)\right)\left(\gamma^2 + 2\alpha\gamma\Gamma\left(1+\dfrac{1}{\beta}\right) + \alpha^2\Gamma\left(1+\dfrac{2}{\beta}\right)\right) + 2\left(\gamma + \alpha\Gamma\left(1+\dfrac{1}{\beta}\right)\right)^3}{\left(\gamma^2 + 2\alpha\gamma\Gamma\left(1+\dfrac{1}{\beta}\right) + \alpha^2\Gamma\left(1+\dfrac{2}{\beta}\right) - \left(\gamma + \alpha\Gamma\left(1+\dfrac{1}{\beta}\right)\right)^2\right)^{3/2}}$$

$$= \frac{\alpha^3\left(\Gamma\left(1+\dfrac{3}{\beta}\right) - 3\Gamma\left(1+\dfrac{2}{\beta}\right)\Gamma\left(1+\dfrac{1}{\beta}\right) + 2\Gamma^3\left(1+\dfrac{2}{\beta}\right)\right)}{\alpha^3\left(\Gamma\left(1+\dfrac{2}{\beta}\right) - \Gamma^2\left(1+\dfrac{1}{\beta}\right)\right)^{3/2}}$$

即

$$\mathrm{Skew}(T) = \frac{\Gamma\left(1+\dfrac{3}{\beta}\right) - 3\Gamma\left(1+\dfrac{2}{\beta}\right)\Gamma\left(1+\dfrac{1}{\beta}\right) + 2\Gamma^3\left(1+\dfrac{1}{\beta}\right)}{\left(\Gamma\left(1+\dfrac{2}{\beta}\right) - \Gamma^2\left(1+\dfrac{1}{\beta}\right)\right)^{3/2}} \tag{13-17}$$

这里偏度公式只与 β 有关，故先用偏度估计量等于 β 的函数求出 β，然后再用方差

$D(T) = \alpha^2\left(\Gamma\left(1+\dfrac{2}{\beta}\right) - \Gamma^2\left(1+\dfrac{1}{\beta}\right)\right)$ 求得 α，最后由期望 $E(T) = \gamma + \alpha\Gamma\left(1+\dfrac{1}{\beta}\right)$ 估计 γ.

这里给出计算机模拟结果，来验证方法的正确性. 先给出程序 WBLFITMOM3P()，再给出调用方法和测试程序.

```
function [Alpha,Beta,Location,fval] = WBLFITMOM3P(T)
ss = skewness(T); % 偏度
fitmiss = @(beta)abs(ss-(gamma(3/beta+1)-3*gamma(2/beta+1)*gamma(1/beta+1)...
    +2*gamma(1/beta+1)^3)/((gamma(2/beta+1)-gamma(1/beta+1)^2)^(3/2)));
beta1 = 0.1; beta2 = 20; % 参数范围设置
[Beta,fval] = fminbnd(fitmiss,beta1,beta2); %优化方法找 Beta
Alpha = sqrt(var(T)/(gamma(2/Beta+1)-gamma(1/Beta+1)^2));
Location = mean(T)-Alpha*gamma(1/Beta+1);
```

测试代码为：

```
Alpha = 5; Beta = 2; Gamma = 1; % 预设 Weibull 分布参数
n = 1000; T = Gamma + Alpha*(-log(rand(1,n))).^(1/Beta); % 产生随机数
[Alpha, Beta, Location, fval] = WBLFITMOM3P(T)    % 给出参数估计
```

运行结果为：

```
Alpha = 5.012369433826547
Beta = 1.970112524919359
Location = 1.013846725499479
fval = 1.544936317210421e-06
```

可见程序正确.

13.2.2　L-矩估计

线性矩（L-moment）起源于 Greenwood 等提出的概率权重矩（probability-weighted moment，PWM），Hoskin 将从小到大排序的序列值进行一定的线性组合定义了线性矩.与常规矩法相比，线性矩仅是一阶样本矩的计算，所以计算结果受样本中个别点数据误差的影响较小，计算偏差小且稳健.Hoskin 定义的线性矩实际上是次序统计量的线性组合期望值，其 r 阶线性矩定义如下.

定义 13-4　若 $X_1, X_2, \cdots, X_n$ 为来自总体 X 的一组随机样本，记 $X_{1:n}, X_{2:n}, \cdots, X_{n:n}$ 为由小到大的次序样本，则称

$$\lambda_r = \frac{1}{r} \sum_{k=0}^{r-1} (-1)^k C_{r-1}^k E(X_{r-k:r}) \tag{13-18}$$

为 X 的 r 阶 L-矩，其中 $C_{r-1}^k = \binom{r-1}{k} = \dfrac{(r-1)!}{k!(r-1-k)!}$，

$$E(X_{i:r}) = \frac{r!}{(i-1)!(r-i)!} \int_0^1 x(F) F^{i-1} (1-F)^{r-i} \, \mathrm{d}F, \quad r = 1, 2, \cdots, \quad i = 1, 2, \cdots, r. \tag{13-19}$$

由式（13-18）和式（13-19），得

$$\begin{cases} \lambda_1 = E(X_{1:1}) \\ \lambda_2 = \dfrac{1}{2} E(X_{2:2} - X_{1:2}) \\ \lambda_3 = \dfrac{1}{3} E(X_{3:3} - 2X_{2:3} + X_{1:3}) \\ \lambda_4 = \dfrac{1}{4} E(X_{4:4} - 3X_{3:4} + 3X_{2:4} - X_{1:4}) \end{cases} \tag{13-20}$$

先考虑二参数 Weibull 分布，其分布函数为

$$F(t) = 1 - \mathrm{e}^{-\left(\frac{t}{\alpha}\right)^{\beta}}, \quad t \geqslant 0, \quad \alpha > 0, \quad \beta > 0, \tag{13-21}$$

对应的概率密度函数为

$$f(t) = \frac{\beta}{\alpha} \left(\frac{t}{\alpha}\right)^{\beta-1} \mathrm{e}^{-\left(\frac{t}{\alpha}\right)^{\beta}}, \quad t \geqslant 0, \quad \alpha > 0, \quad \beta > 0,$$

可见，当 $n = 1$ 时，

$$\begin{aligned} \lambda_1 = E(T_{1:1}) &= \int_0^{+\infty} t \cdot \frac{\beta}{\alpha} \left(\frac{t}{\alpha}\right)^{\beta-1} \mathrm{e}^{-\left(\frac{t}{\alpha}\right)^{\beta}} \mathrm{d}t \\ &= \int_0^{+\infty} \alpha t^{\frac{1}{\beta}} \cdot \mathrm{e}^{-t} \mathrm{d}t = \alpha \int_0^{+\infty} t^{\left(1+\frac{1}{\beta}\right)-1} \cdot \mathrm{e}^{-t} \mathrm{d}t = \alpha \Gamma\left(1 + \frac{1}{\beta}\right) \end{aligned} \tag{13-22}$$

当 $n = 2$ 时，$T_{1:2} = \min\{T_1, T_2\}$ 的分布函数为

$$\begin{aligned} F_{T_{1:2}}(t) &= P\left(\min\{T_1, T_2\} \leqslant t\right) = 1 - P\left(\min\{T_1, T_2\} > t\right) \\ &= 1 - P\left(T_1 > t, T_2 > t\right) = 1 - (1 - F(t))^2 \end{aligned}$$

$$f_{T_{1:2}}(t) = \left[1-(1-F(t))^2\right]' = 2(1-F(t))f(t)$$

$$= 2 \cdot e^{-\left(\frac{t}{\alpha}\right)^{\beta}} \cdot \frac{\beta}{\alpha}\left(\frac{t}{\alpha}\right)^{\beta-1} e^{-\left(\frac{t}{\alpha}\right)^{\beta}} = \frac{2\beta}{\alpha}\left(\frac{t}{\alpha}\right)^{\beta-1} e^{-2\left(\frac{t}{\alpha}\right)^{\beta}}$$

$$E(T_{1:2}) = \int_0^{+\infty} t \cdot \frac{2\beta}{\alpha}\left(\frac{t}{\alpha}\right)^{\beta-1} e^{-2\left(\frac{t}{\alpha}\right)^{\beta}} dt = \int_0^{+\infty} \alpha x^{\frac{1}{\beta}} \cdot 2e^{-2x} dx \qquad (13-23)$$

$$\underline{\underline{u=2x}} \int_0^{+\infty} \alpha 2^{-\frac{1}{\beta}} u^{\frac{1}{\beta}} \cdot e^{-u} du = \alpha 2^{-\frac{1}{\beta}} \Gamma\left(1+\frac{1}{\beta}\right)$$

$T_{2:2} = \max\{T_1, T_2\}$ 的分布函数为

$$F_{T_{2:2}}(t) = P\left(\max\{T_1,T_2\} \leqslant t\right) = P\left(T_1 \leqslant t, T_2 \leqslant t\right) = [F(t)]^2,$$

概率密度为

$$f_{T_{2:2}}(t) = 2F(t) \cdot f(t) = 2\left(1-e^{-\left(\frac{t}{\alpha}\right)^{\beta}}\right) \cdot \frac{\beta}{\alpha}\left(\frac{t}{\alpha}\right)^{\beta-1} e^{-\left(\frac{t}{\alpha}\right)^{\beta}},$$

数学期望为

$$E(T_{2:2}) = \int_0^{+\infty} t \cdot 2\left(1-e^{-\left(\frac{t}{\alpha}\right)^{\beta}}\right) \cdot \frac{\beta}{\alpha}\left(\frac{t}{\alpha}\right)^{\beta-1} e^{-\left(\frac{t}{\alpha}\right)^{\beta}} dt$$

$$\underline{\underline{t=\alpha x^{\frac{1}{\beta}}}} \int_0^{+\infty} \alpha x^{\frac{1}{\beta}} \cdot 2\left(1-e^{-x}\right)e^{-x} dx$$

$$= 2\alpha\left(\int_0^{+\infty} x^{\frac{1}{\beta}} \cdot e^{-x} dx - \int_0^{+\infty} x^{\frac{1}{\beta}} \cdot e^{-2x} dx\right) , \qquad (13-24)$$

$$= \alpha\left(2\Gamma\left(1+\frac{1}{\beta}\right) - 2^{-\frac{1}{\beta}}\int_0^{+\infty} u^{\frac{1}{\beta}} \cdot e^{-u} du\right)$$

$$= \alpha\left(2-2^{-\frac{1}{\beta}}\right)\Gamma\left(1+\frac{1}{\beta}\right)$$

$$\lambda_2 = \frac{1}{2}\left[E(T_{2:2}) - E(T_{1:2})\right]$$

$$= \frac{1}{2}\left[\alpha\left(2-2^{-\frac{1}{\beta}}\right)\Gamma\left(1+\frac{1}{\beta}\right) - \alpha 2^{-\frac{1}{\beta}}\Gamma\left(1+\frac{1}{\beta}\right)\right], \qquad (13-25)$$

$$= (1-2^{-\frac{1}{\beta}})\alpha\Gamma\left(1+\frac{1}{\beta}\right)$$

建立以下方程：

$$\lambda_1 = l_1 = \frac{1}{n}\sum_{i=1}^n x_{i:n} , \quad \lambda_2 = l_2 = \frac{1}{n(n-1)}\sum_{i=1}^n c_{i,n}x_{i:n} ,$$

即

$$\begin{cases} \left(1-2^{-\frac{1}{\beta}}\right)\alpha\Gamma\left(1+\frac{1}{\beta}\right)=l_2 \\ \alpha\Gamma\left(1+\frac{1}{\beta}\right)=l_1 \end{cases}, \tag{13-26}$$

所以

$$1-2^{-\frac{1}{\beta}}=\frac{l_2}{l_1},$$

可得参数的 L-矩估计

$$\hat{\beta}=\frac{\ln 2}{\ln\left(\dfrac{l_1}{l_1-l_2}\right)}, \quad \hat{\alpha}=\frac{l_1}{\Gamma\left(1+\dfrac{1}{\hat{\beta}}\right)}. \tag{13-27}$$

这种方法的好处是有解析解，不需要像普通矩估计那样搜索形状参数 β. 测试代码为：

```
alpha = 5; beta = 2; n = 100;
T = alpha*(-log(rand(1,n))).^(1/beta);  %产生随机数
T = sort(T);
b0 = mean(T); jv = (2:n)-1;  b1 = 1/n*sum(jv/(n-1).*T(2:n));
m1 = b0;  m2 = 2*b1 - b0;
betah = log(2)/(log(m1/(m1-m2)));
alphah = m1/gamma(1+1/betah);
[alphah,betah]
```

运行结果为：

```
ans = 5.036799861320415   1.998727306143696
```

可见程序得到的结果正确.

下面再讨论三参数的情形. 三参数 Weibull 分布概率密度函数为

$$f(t)=\frac{\beta}{\alpha}\left(\frac{t-\gamma}{\alpha}\right)^{\beta-1}\exp\left[-\left(\frac{t-\gamma}{\alpha}\right)^{\beta}\right], \quad t\geqslant\gamma>0, \quad \alpha>0, \quad \beta>0,$$

对次序统计量 $T_{k:n}$ 的概率密度为

$$\begin{aligned} f_{k:n}(t)&=\frac{n!}{(k-1)!(n-k)!}[F(t)]^{k-1}f(t)[1-F(t)]^{n-k}\\ &=\frac{n!}{(k-1)!(n-k)!}\left\{1-\exp\left[-\left(\frac{t-\gamma}{\alpha}\right)^{\beta}\right]\right\}^{k-1}\cdot \\ &\quad \frac{\beta}{\alpha}\left(\frac{t-\gamma}{\alpha}\right)^{\beta-1}\exp\left[-\left(\frac{t-\gamma}{\alpha}\right)^{\beta}\right]\cdot\exp\left[-(n-k)\left(\frac{t-\gamma}{\alpha}\right)^{\beta}\right] \end{aligned} \tag{13-28}$$

假定 $x_{1:n}\leqslant x_{2:n}\leqslant\cdots\leqslant x_{n:n}$ 为总体 X 的一组由小到大排序的样本值，前 3 阶的 L-矩计算

公式为

$$l_1 = b_0 , \quad l_2 = 2b_1 - b_0 , \quad l_3 = 6b_2 - 6b_1 + b_0 , \tag{13-29}$$

其中

$$b_0 = \frac{1}{n}\sum_{i=1}^{n} x_{i:n} , \quad b_1 = \frac{1}{n}\sum_{i=2}^{n}\frac{i-1}{n-1} x_{i:n} , \quad b_2 = \frac{1}{n}\sum_{i=3}^{n}\frac{(i-1)(i-2)}{(n-1)(n-2)} x_{i:n} \tag{13-30}$$

样本系列的均值，L–变差系数 t_2，L–偏态系数 t_3，分别定义如下

$$l_1 = b_0 , \quad t_2 = l_2 / l_1 , \quad t_3 = l_3 / l_2 . \tag{13-31}$$

T 的分布函数中有 3 个参数，若建立估计方程：$\lambda_i = l_i, i = 1,2,3$，从中可解得的根称为参数的 L–矩估计. 这里的关键是求 $E(T_{i:n})$.

当 $n = 1$ 时，

$$\begin{aligned}
\lambda_1 = E(T_{1:1}) &= \int_{\mu}^{+\infty} t \cdot \frac{\beta}{\alpha}\left(\frac{t-\mu}{\alpha}\right)^{\beta-1} \mathrm{e}^{-\left(\frac{t-\mu}{\alpha}\right)^{\beta}} \mathrm{d}t = -\int_{\mu}^{+\infty} t\, \mathrm{d}\mathrm{e}^{-\left(\frac{t-\mu}{\alpha}\right)^{\beta}} \\
&= \int_{0}^{+\infty} (\mu + \alpha x^{\frac{1}{\beta}}) \cdot \mathrm{e}^{-x} \mathrm{d}x = \mu + \sigma \int_{0}^{+\infty} x^{\left(1+\frac{1}{\beta}\right)-1} \cdot \mathrm{e}^{-x} \mathrm{d}x = \mu + \alpha\Gamma\left(1+\frac{1}{\beta}\right)
\end{aligned} \tag{13-32}$$

当 $n = 2$ 时，$T_{1:2} = \min\{T_1, T_2\}$ 的分布函数为

$$\begin{aligned}
F_{T_{1:2}}(t) &= P\left(\min\{T_1, T_2\} \leqslant t\right) = 1 - P\left(\min\{T_1, T_2\} > t\right) \\
&= 1 - P\left(T_1 > t, T_2 > t\right) = 1 - (1 - F(t))^2
\end{aligned}$$

$$\begin{aligned}
f_{T_{1:2}}(t) &= \left[1 - (1 - F(t))^2\right]' = 2(1 - F(t)) f(t) \\
&= 2 \cdot \mathrm{e}^{-\left(\frac{t-\mu}{\alpha}\right)^{\beta}} \cdot \frac{\beta}{\alpha}\left(\frac{t-\mu}{\alpha}\right)^{\beta-1} \mathrm{e}^{-\left(\frac{t-\mu}{\alpha}\right)^{\beta}} = \frac{2\beta}{\alpha}\left(\frac{t-\mu}{\alpha}\right)^{\beta-1} \mathrm{e}^{-2\left(\frac{t-\mu}{\alpha}\right)^{\beta}}
\end{aligned}$$

$$\begin{aligned}
E(X_{1:2}) &= \int_{\mu}^{+\infty} t \cdot \frac{2\beta}{\alpha}\left(\frac{t-\mu}{\alpha}\right)^{\beta-1} \mathrm{e}^{-2\left(\frac{t-\mu}{\alpha}\right)^{\beta}} \mathrm{d}t = -\int_{\mu}^{+\infty} t\, \mathrm{d}\mathrm{e}^{-2\left(\frac{t-\mu}{\alpha}\right)^{\beta}} \\
&\xlongequal{x=2\left(\frac{t-\mu}{\alpha}\right)^{\beta}} \int_{0}^{+\infty} (\mu + \alpha 2^{-\frac{1}{\beta}} x^{\frac{1}{\beta}}) \cdot \mathrm{e}^{-x} \mathrm{d}x = \mu + 2^{-\frac{1}{\beta}} \alpha\Gamma\left(1+\frac{1}{\beta}\right)
\end{aligned} \tag{13-33}$$

$T_{2:2} = \max\{T_1, T_2\}$ 的分布函数为

$$F_{T_{2:2}}(t) = P\left(\max\{T_1, T_2\} \leqslant t\right) = P\left(T_1 \leqslant t, T_2 \leqslant t\right) = [F(t)]^2$$

概率密度函数为

$$f_{T_{2:2}}(t) = 2F(t) \cdot f(t) = 2\left(1 - \mathrm{e}^{-\left(\frac{t-\mu}{\alpha}\right)^{\beta}}\right) \cdot \frac{\beta}{\alpha}\left(\frac{t-\mu}{\alpha}\right)^{\beta-1} \mathrm{e}^{-\left(\frac{t-\mu}{\alpha}\right)^{\beta}}$$

数学期望为

$$E(T_{2:2}) = \int_{\mu}^{+\infty} t \cdot 2\left(1 - e^{-\left(\frac{t-\mu}{\alpha}\right)^{\beta}}\right) \cdot \frac{\beta}{\alpha}\left(\frac{t-\mu}{\alpha}\right)^{\beta-1} e^{-\left(\frac{t-\mu}{\alpha}\right)^{\beta}} dt$$

$$\xrightarrow{x = \mu + \alpha t^{\frac{1}{\beta}}} \int_{0}^{+\infty} (\mu + \alpha x^{\frac{1}{\beta}}) \cdot 2\left(1 - e^{-x}\right) e^{-x} dx$$

$$= \mu + 2\alpha\left(\int_{0}^{+\infty} x^{\frac{1}{\beta}} \cdot e^{-x} dx - \int_{0}^{+\infty} x^{\frac{1}{\beta}} \cdot e^{-2x} dx\right) \qquad (13-34)$$

$$= \mu + \alpha\left(2\Gamma\left(1 + \frac{1}{\beta}\right) - 2^{-\frac{1}{\beta}}\int_{0}^{+\infty} u^{\frac{1}{\beta}} \cdot e^{-u} du\right)$$

$$= \mu + \alpha\left(2 - 2^{-\frac{1}{\beta}}\right)\Gamma\left(1 + \frac{1}{\beta}\right)$$

$$\lambda_2 = \frac{1}{2}\left[E(X_{2:2}) - E(X_{1:2})\right]$$

$$= \frac{1}{2}\left[\alpha\left(2 - 2^{-\frac{1}{\beta}}\right)\Gamma\left(1 + \frac{1}{\beta}\right) - \alpha 2^{-\frac{1}{\beta}}\Gamma\left(1 + \frac{1}{\beta}\right)\right] \qquad (13-35)$$

$$= (1 - 2^{-\frac{1}{\beta}})\alpha\Gamma\left(1 + \frac{1}{\beta}\right)$$

当 $n = 3$ 时，$T_{1:3} = \min\{T_1, T_2, T_3\}$ 的分布函数为

$$F_{T_{1:3}}(t) = P\left(\min\{T_1, T_2, T_3\} \leqslant t\right) = 1 - P\left(\min\{T_1, T_2, T_3\} > t\right)$$

$$= 1 - P\left(T_1 > t, T_2 > t, T_3 > t\right) = 1 - (1 - F(t))^3$$

$$f_{T_{1:3}}(t) = \left[1 - (1 - F(t))^3\right]' = 3(1 - F(t))^2 f(t)$$

$$= 3 \cdot e^{-2\left(\frac{t-\mu}{\alpha}\right)^{\beta}} \cdot \frac{\beta}{\alpha}\left(\frac{t-\mu}{\alpha}\right)^{\beta-1} e^{-\left(\frac{t-\mu}{\alpha}\right)^{\beta}} = \frac{3\beta}{\alpha}\left(\frac{t-\mu}{\alpha}\right)^{\beta-1} e^{-3\left(\frac{t-\mu}{\alpha}\right)^{\beta}}$$

$$E(T_{1:3}) = \int_{\mu}^{+\infty} t \cdot \frac{3\beta}{\alpha}\left(\frac{t-\mu}{\alpha}\right)^{\beta-1} e^{-3\left(\frac{t-\mu}{\alpha}\right)^{\beta}} dt = -\int_{\mu}^{+\infty} t\, d e^{-3\left(\frac{t-\mu}{\alpha}\right)^{\beta}}$$

$$\xrightarrow{x = 3\left(\frac{t-\mu}{\alpha}\right)^{\beta}} \int_{0}^{+\infty} (\mu + \alpha 3^{-\frac{1}{\beta}} x^{\frac{1}{\beta}}) \cdot e^{-x} dx = \mu + 3^{-\frac{1}{\beta}}\alpha\Gamma\left(1 + \frac{1}{\beta}\right) \qquad (13-36)$$

$T_{2:3}$ 的概率密度函数为

$$f_{T_{2:3}}(t) = \frac{3!}{1!1!} F(t) f(t)[1 - F(t)]$$

$$= 6\left(1 - e^{-\left(\frac{t-\mu}{\alpha}\right)^{\beta}}\right) \cdot \frac{\beta}{\alpha}\left(\frac{t-\mu}{\alpha}\right)^{\beta-1} e^{-\left(\frac{t-\mu}{\alpha}\right)^{\beta}} \cdot e^{-\left(\frac{t-\mu}{\alpha}\right)^{\beta}}$$

数学期望为

$$E(T_{3:3}) = \int_{\mu}^{+\infty} t \cdot 6\left(1 - \mathrm{e}^{-\left(\frac{t-\mu}{\alpha}\right)^{\beta}}\right) \cdot \frac{\beta}{\alpha}\left(\frac{t-\mu}{\alpha}\right)^{\beta-1} \mathrm{e}^{-\left(\frac{t-\mu}{\alpha}\right)^{\beta}} \cdot \mathrm{e}^{-\left(\frac{t-\mu}{\alpha}\right)^{\beta}} \mathrm{d}x$$

$$\xrightarrow{x = \mu + \alpha t^{\frac{1}{\beta}}} \int_{0}^{+\infty} (\mu + \alpha x^{\frac{1}{\beta}}) \cdot 6\left(1 - \mathrm{e}^{-x}\right) \mathrm{e}^{-2x} \mathrm{d}x$$

$$= \mu + 6\alpha\left(\int_{0}^{+\infty} x^{\frac{1}{\beta}} \cdot \mathrm{e}^{-2x} \mathrm{d}x - \int_{0}^{+\infty} x^{\frac{1}{\beta}} \cdot \mathrm{e}^{-3x} \mathrm{d}x\right)$$

$$= \mu + \left(3 \cdot 2^{-\frac{1}{\beta}} - 2 \cdot 3^{-\frac{1}{\beta}}\right)\alpha\Gamma\left(1 + \frac{1}{\beta}\right)$$

（13－37）

$T_{3:3} = \max\{T_1, T_2, T_3\}$ 的分布函数为

$$F_{T_{3:3}}(t) = P\left(\max\{T_1, T_2, T_3\} \leqslant t\right) = P\left(T_1 \leqslant t, T_2 \leqslant t, T_3 \leqslant t\right) = [F(t)]^3$$

概率密度函数为

$$f_{T_{3:3}}(t) = 3F^2(t) \cdot f(t) = 3\left(1 - \mathrm{e}^{-\left(\frac{t-\mu}{\alpha}\right)^{\beta}}\right)^2 \cdot \frac{\beta}{\alpha}\left(\frac{t-\mu}{\alpha}\right)^{\beta-1} \mathrm{e}^{-\left(\frac{t-\mu}{\alpha}\right)^{\beta}}$$

数学期望为

$$E(T_{3:3}) = \int_{\mu}^{+\infty} t \cdot 3\left(1 - \mathrm{e}^{-\left(\frac{t-\mu}{\sigma}\right)^{\beta}}\right)^2 \cdot \frac{\beta}{\sigma}\left(\frac{t-\mu}{\sigma}\right)^{\beta-1} \mathrm{e}^{-\left(\frac{t-\mu}{\sigma}\right)^{\beta}} \mathrm{d}t$$

$$\xrightarrow{x = \mu + \alpha t^{\frac{1}{\beta}}} \int_{0}^{+\infty} (\mu + \alpha x^{\frac{1}{\beta}}) \cdot 3\left(1 - \mathrm{e}^{-x}\right)^2 \mathrm{e}^{-x} \mathrm{d}x$$

$$= \mu + 3\alpha\left(\int_{0}^{+\infty} x^{\frac{1}{\beta}} \cdot \mathrm{e}^{-x} \mathrm{d}x - 2\int_{0}^{+\infty} x^{\frac{1}{\beta}} \cdot \mathrm{e}^{-2x} \mathrm{d}x + \int_{0}^{+\infty} x^{\frac{1}{\beta}} \cdot \mathrm{e}^{-3x} \mathrm{d}x\right)$$

$$= \mu + 3\left(1 - 2^{-\frac{1}{\beta}} + 3^{-\frac{1}{\beta}-1}\right)\alpha\Gamma\left(1 + \frac{1}{\beta}\right)$$

（13－38）

$$\lambda_3 = \frac{1}{3}\left[E(X_{3:3}) - 2E(X_{2:3}) + E(X_{1:3})\right]$$

$$= \frac{1}{3}\left[\left(3 - 3 \cdot 2^{-\frac{1}{\beta}} + 3^{-\frac{1}{\beta}}\right) - 2\left(3 \cdot 2^{-\frac{1}{\beta}} - 2 \cdot 3^{-\frac{1}{\beta}}\right) + 3^{-\frac{1}{\beta}}\right]\alpha\Gamma\left(1 + \frac{1}{\beta}\right)$$

$$= \frac{1}{3}\left[3 - 9 \cdot 2^{-\frac{1}{\beta}} + 6 \cdot 3^{-\frac{1}{\beta}}\right]\alpha\Gamma\left(1 + \frac{1}{\beta}\right)$$

$$= \left(1 - 3 \cdot 2^{-\frac{1}{\beta}} + 2 \cdot 3^{-\frac{1}{\beta}}\right)\alpha\Gamma\left(1 + \frac{1}{\beta}\right)$$

（13－39）

建立以下方程：

$$\lambda_1 = l_1 = \frac{1}{n}\sum_{i=1}^{n}x_{i:n}, \quad \lambda_2 = l_2 = \frac{1}{n(n-1)}\sum_{i=1}^{n}c_{i,n}x_{i:n}, \quad \lambda_3 = l_3 = \frac{1}{n(n-1)(n-2)}\sum_{i=1}^{n}d_{i,n}x_{i:n},$$

即

$$\begin{cases} \mu + \alpha\Gamma\left(1+\dfrac{1}{\beta}\right) = l_1 \\ (1-2^{-\frac{1}{\beta}})\alpha\Gamma\left(1+\dfrac{1}{\beta}\right) = l_2 \\ (1-3\cdot 2^{-\frac{1}{\beta}}+2\cdot 3^{-\frac{1}{\beta}})\alpha\Gamma\left(1+\dfrac{1}{\beta}\right) = l_3 \end{cases}, \qquad (13-40)$$

求解上面非线性方程组

$$\frac{1-3\cdot 2^{-\frac{1}{\beta}}+2\cdot 3^{-\frac{1}{\beta}}}{1-2^{-\frac{1}{\beta}}} = \frac{l_3}{l_2}, \qquad (13-41)$$

这是个非线性方程，没有解析解，可用数值方法求得 $\hat{\beta}$，然后可得参数的 L-矩估计：

$$\hat{\alpha} = \frac{l_2}{(1-2^{-\frac{1}{\beta}})\Gamma\left(1+\dfrac{1}{\hat{\beta}}\right)}, \quad \hat{\mu} = l_1 - \hat{\alpha}\Gamma\left(1+\dfrac{1}{\hat{\beta}}\right). \qquad (13-42)$$

测试代码如下：

```
alpha = 5; beta = 3; Loc = 1; % 三个参数
n = 100; % 样本容量
T = Loc + alpha*(-log(rand(1,n))).^(1/beta); % rand 和 1 - rand 同分布，产生
                                                随机数
T = sort(T);
b0 = mean(T); jv = 2:n; b1 = 1/n*sum((jv-1)/(n-1).*T(jv));
jv1 = 3:n; b2 = 1/n*sum((jv1-1).*(jv1-2)/(n-1)/(n-2).*T(jv1));
L1 = b0; L2 = 2*b1-b0; L3 = 6*b2-6*b1+b0;
fitmiss = @(t)abs(L3/L2-(1-3*(1/2)^(1/t)+2*(1/3)^(1/t))/(1-(1/2)^(1/t)));
%估计参数 beta
[Betah,fval] = fminbnd(fitmiss,0.1,10);
Alphah = L2/(1-2^(-1/Betah))/gamma(1+1/Betah);
Loch = L1 - Alphah*gamma(1+1/Betah);
[Alphah,Betah,Loch]
```

运行结果为

```
ans = 4.780029294472496   3.005371685735677   1.059332334264223
```

可见代码运行正确.

其实还有概率低阶矩估计，读者可参考文献.

13.3　最大似然估计

最大似然估计是一种常用的参数估计方法.这里给出 Weibull 分布参数的最大估计.

13.3.1　二参数 Weibull 分布参数的最大似然估计

设 $t_1, t_2, \cdots, t_n$ 为样本值，则似然函数为

$$
\begin{aligned}
L(\alpha, \beta) &= \prod_{i=1}^{n} f(t_i) = \prod_{i=1}^{n} \frac{\beta}{\alpha} \left(\frac{t_i}{\alpha} \right)^{\beta-1} \exp\left[-\left(\frac{t_i}{\alpha} \right)^{\beta} \right] \\
&= \frac{\beta^n}{\alpha^n} \prod_{i=1}^{n} \left(\frac{t_i}{\alpha} \right)^{\beta-1} \exp\left[-\sum_{i=1}^{n} \left(\frac{t_i}{\alpha} \right)^{\beta} \right] \\
&= \frac{\beta^n}{\alpha^{n\beta}} \prod_{i=1}^{n} (t_i)^{\beta-1} \exp\left[-\sum_{i=1}^{n} \left(\frac{t_i}{\alpha} \right)^{\beta} \right]
\end{aligned}
\tag{13-43}
$$

取对数，令

$$
\Lambda = \ln L(\alpha, \beta) = n\ln\beta - n\beta\ln\alpha + (\beta-1)\sum_{i=1}^{n} \ln(t_i) - \sum_{i=1}^{n} \left(\frac{t_i}{\alpha} \right)^{\beta}
\tag{13-44}
$$

对数似然方程组为

$$
\begin{cases}
\dfrac{\partial \Lambda}{\partial \alpha} = -\dfrac{n\beta}{\alpha} + \dfrac{\beta}{\alpha}\sum_{i=1}^{n} \left(\dfrac{t_i}{\alpha} \right)^{\beta} = 0 \\[3mm]
\dfrac{\partial \Lambda}{\partial \beta} = \dfrac{n}{\beta} + \sum_{i=1}^{n} \ln(t_i) - n\ln\alpha - \sum_{i=1}^{n} \left(\dfrac{t_i}{\alpha} \right)^{\beta} \ln\left(\dfrac{t_i}{\alpha} \right) = 0
\end{cases}
\tag{13-45}
$$

这是一个非线性方程组，没有解析解.可用矩估计或 L-矩估计得到的值作为初值，再用 Newton-Raphson 方法求似然方程组（13-45）的解，即可得到最大似然估计值.测试代码为：

```
alpha = 5; beta = 2; n = 100;

T = alpha*(-log(rand(1,n))).^(1/beta); %产生随机数

% MLE 最大似然估计，用 fsolve()解似然方程组

mequs = @(x,T)[-n*x(2)/x(1)+x(2)/x(1)*sum((T/x(1)).^x(2));...
    n/x(2)+sum(log(T/x(1)))-sum((T/x(1)).^x(2).*log(T/x(1)))];

x0 = [alpha;beta]+rand(2,1);

[x,fval] = fsolve(@(x)mequs(x,T),x0);

Alphah = x(1);Betah = x(2);

[Alphah, Betah]
```

运行结果为

```
ans = 5.145389837880773   1.980877909922649
```

也可以直接优化式（13-42），其最大值点就是最大似然估计值.

```
funmle = @(x,T)-(n*log(x(2))-n*x(2)*log(x(1))+(x(2)-1)*sum(log(T))-
            sum((T/x(1)).^x(2)));
x0 = [alpha;beta]+rand(2,1);
[x,fval] = fminunc(@(x)funmle(x,T),x0);
Alphah = x(1);Betah = x(2);
[Alphah, Betah]
```

运行结果为

```
ans = 5.145389642332633   1.980877894883085
```

可见用两种方法计算得到的结果比较接近.

为了得到参数区间估计，计算 Hessian 矩阵. 推导过程为

$$\frac{\partial \Lambda}{\partial \alpha} = -\frac{n\beta}{\alpha} + \frac{\beta}{\alpha}\sum_{i=1}^{n}\left(\frac{t_i}{\alpha}\right)^{\beta} = -\frac{n\beta}{\alpha} + \frac{\beta}{\alpha^{\beta+1}}\sum_{i=1}^{n}(t_i)^{\beta},$$

$$\frac{\partial^2 \Lambda}{\partial \alpha^2} = \frac{n\beta}{\alpha^2} - (\beta+1)\frac{\beta}{\alpha^{\beta+2}}\sum_{i=1}^{n}(t_i)^{\beta},$$

$$\frac{\partial^2 \Lambda}{\partial \alpha \partial \beta} = -\frac{n}{\alpha} + \frac{1}{\alpha^{\beta+1}}\sum_{i=1}^{n}(t_i)^{\beta} - \frac{\beta\ln\alpha}{\alpha^{\beta+1}}\sum_{i=1}^{n}(t_i)^{\beta} + \frac{\beta}{\alpha^{\beta+1}}\sum_{i=1}^{n}(t_i)^{\beta}\ln t_i,$$

$$\frac{\partial \Lambda}{\partial \beta} = \frac{n}{\beta} + \sum_{i=1}^{n}\ln(t_i) - n\ln\alpha - \sum_{i=1}^{n}\left(\frac{t_i}{\alpha}\right)^{\beta}\ln\left(\frac{t_i}{\alpha}\right)$$

$$= \frac{n}{\beta} + \sum_{i=1}^{n}\ln(t_i) - n\ln\alpha - \sum_{i=1}^{n}\left(\frac{t_i}{\alpha}\right)^{\beta}(\ln t_i - \ln\alpha)$$

$$\frac{\partial^2 \Lambda}{\partial \beta \partial \alpha} = -\frac{n}{\alpha} + \frac{1}{\alpha^{\beta+1}}\sum_{i=1}^{n}(t_i)^{\beta} - \frac{\beta\ln\alpha}{\alpha^{\beta+1}}\sum_{i=1}^{n}(t_i)^{\beta} + \frac{\beta}{\alpha^{\beta+1}}\sum_{i=1}^{n}(t_i)^{\beta}\ln t_i$$

$$\frac{\partial^2 \Lambda}{\partial \beta^2} = -\frac{n}{\beta^2} - \sum_{i=1}^{n}\left(\frac{t_i}{\alpha}\right)^{\beta}\ln^2\left(\frac{t_i}{\alpha}\right)$$

参数估计的 Fisher 信息矩阵为

$$F = \begin{bmatrix} -\dfrac{\partial^2 \Lambda}{\partial \beta^2} & -\dfrac{\partial^2 \Lambda}{\partial \beta \partial \alpha} \\[2mm] -\dfrac{\partial^2 \Lambda}{\partial \alpha \partial \beta} & -\dfrac{\partial^2 \Lambda}{\partial \alpha^2} \end{bmatrix} \tag{13-46}$$

参数估计的协方差矩阵为

$$\begin{bmatrix} \widehat{\mathrm{var}(\hat{\beta})} & \widehat{\mathrm{cov}(\hat{\alpha},\hat{\beta})} \\[2mm] \widehat{\mathrm{cov}(\hat{\beta},\hat{\alpha})} & \widehat{\mathrm{var}(\hat{\alpha})} \end{bmatrix} = \begin{bmatrix} -\dfrac{\partial^2 \Lambda}{\partial \beta^2} & -\dfrac{\partial^2 \Lambda}{\partial \beta \partial \alpha} \\[2mm] -\dfrac{\partial^2 \Lambda}{\partial \alpha \partial \beta} & -\dfrac{\partial^2 \Lambda}{\partial \alpha^2} \end{bmatrix}^{-1}_{\alpha=\hat{\alpha},\beta=\hat{\beta}} \tag{13-47}$$

为便于计算和比较, 这里给一个算例. 假设样本值为 16, 34, 53, 75, 93, 120, 服从二参数 Weibull 分布, 求参数的极大似然估计和置信区间. 计算代码为:

```
T = [16,34,53,75,93,120]; n = length(T); % 样本和样本容量
% 先用 L-矩估计作初值
b0 = mean(T); jv = (2:n)-1;  b1 = 1/n*sum(jv/(n-1).*T(2:n));
m1 = b0;  m2 = 2*b1 - b0;
betah = log(2)/(log(m1/(m1-m2))); %  1.511738960766725
alphah = m1/gamma(1+1/betah); %72.254381436960728
x0 = [alphah,betah]; %初值
% 直接优化对数似然函数, 用 MATLAB 取最小函数, 注意对对数似然函数加负号
funmle = @(x,T)-(n*log(x(2))-n*x(2)*log(x(1))+(x(2)-1)*sum(log(T))-sum
((T/x(1)).^x(2)));
[x,fval] = fminunc(@(x)funmle(x,T),x0);
Alphah = x(1);Betah = x(2);
[Alphah, Betah] % MLE
% 参数估计的协方差矩阵
alpha = Alphah; beta = Betah;% MLE 值
VarA = n*beta/alpha^2-beta*(beta+1)/alpha^(beta+2)*sum(T.^beta)
VarAB = -n/alpha+1/alpha^(beta+1)*sum(T.^beta)-beta*log(alpha)/alpha^
(beta+1)*sum(T.^beta)+beta/alpha^(beta+1)*sum(T.^beta.*log(T))
VarB = -n/beta^2-sum((T/alpha).^beta.*(log(T/alpha)).^2)
CovMat = pinv(-[VarB,VarAB;VarAB,VarA])
```

可得最后结果为

```
CovMat =
0.4211    3.2721
3.2721  266.6442
```

即

$$\left[\begin{matrix} \widehat{\mathrm{Var}(\hat{\beta})} = 0.4211 & \widehat{\mathrm{cov}(\hat{\alpha},\hat{\beta})} = 3.2721 \\ \widehat{\mathrm{cov}(\hat{\beta},\hat{\alpha})} = 3.2721 & \widehat{\mathrm{Var}(\hat{\alpha})} = 266.6442 \end{matrix} \right] \tag{13-48}$$

要特别注意: α 和 β 变化一点点, 这个协方差矩阵就会变化很大.

下面讨论参数的近似置信区间. 一般地, 参数 θ 最大似然估计量 $\hat{\theta}$ 是渐进正态分布的, 样本容量 n 越大, $\hat{\theta}$ 越接近正态分布, 当 n 较大时有 $\dfrac{\hat{\theta}-\theta}{\sqrt{V(\hat{\theta})}}$ 近似服从 $N(0,1)$, 给定置信水平 δ, 由正态分布对称性, 有

$$P\{-u_{\delta/2} < \frac{\hat{\theta}-\theta}{\sqrt{V(\hat{\theta})}} < u_{\delta/2}\} = 1-\delta, \tag{13-49}$$

其中 u_δ 为标准正态分布的上分位数，满足

$$\int_{u_\delta}^{+\infty} \frac{1}{\sqrt{2\pi}} e^{-\frac{t^2}{2}} dt = \delta = 1 - \Phi(u_\delta)$$

所以参数 θ 的置信水平为 $1-\delta$ 的置信区间为

$$\left(\hat{\theta} - u_{\delta/2}\sqrt{V(\hat{\theta})} < \theta < \hat{\theta} + u_{\delta/2}\sqrt{V(\hat{\theta})} \right) \quad （13-50）$$

当 $\hat{\theta}$ 总是正的时，可假定 $\ln\hat{\theta}$ 服从正态分布，有以下的近似公式.

若 $0 < \dfrac{\sqrt{V(\hat{\theta})}}{\hat{\theta}} = 1$ 时，则 $\exp\left(\dfrac{\sqrt{V(\hat{\theta})}}{\hat{\theta}} \right) \approx 1 + \dfrac{\sqrt{V(\hat{\theta})}}{\hat{\theta}}$，所以

$$\left(\hat{\theta}\exp\left(-u_{\delta/2}\frac{\sqrt{V(\hat{\theta})}}{\hat{\theta}} \right) < \theta < \hat{\theta}\exp\left(u_{\delta/2}\frac{\sqrt{V(\hat{\theta})}}{\hat{\theta}} \right) \right) \quad （13-51）$$

因为 $\alpha > 0$，$\beta > 0$，故假设为正态，可以用（13-51）做区间估计

```
a = 0.05; ua = norminv(1-a/2);%假定正态，标准正态分布上分位数
varbeta = CovMat(1,1); varalpha = CovMat(2,2);
betaupper = beta*exp(ua*sqrt(varbeta)/beta)
betalower = beta/exp(ua*sqrt(varbeta)/beta)
alphaupper = alpha*exp(a*sqrt(varalpha)/alpha)
alphalower = alpha/exp(a*sqrt(varalpha)/alpha)
```

计算结果为

```
betaupper = 3.7322
betalower = 1.0008
alphaupper = 74.3471
alphalower = 72.7141
```

13.3.2 三参数 Weibull 分布参数的最大似然估计

关于三参数 Weibull 分布的最大似然估计比较复杂，研究方法与二参数类似.

设 $t_1, t_2, \cdots, t_n$ 为样本值，则似然函数为

$$
\begin{aligned}
L(\alpha, \beta, \gamma) &= \prod_{i=1}^{n} f(t_i) = \prod_{i=1}^{n} \frac{\beta}{\alpha}\left(\frac{t_i - \gamma}{\alpha} \right)^{\beta-1} \exp\left[-\left(\frac{t_i - \gamma}{\alpha} \right)^{\beta} \right] \\
&= \frac{\beta^n}{\alpha^n} \prod_{i=1}^{n} \left(\frac{t_i - \gamma}{\alpha} \right)^{\beta-1} \exp\left[-\sum_{i=1}^{n} \left(\frac{t_i - \gamma}{\alpha} \right)^{\beta} \right] \quad （13-52）\\
&= \frac{\beta^n}{\alpha^{n\beta}} \prod_{i=1}^{n} (t_i - \gamma)^{\beta-1} \exp\left[-\sum_{i=1}^{n} \left(\frac{t_i - \gamma}{\alpha} \right)^{\beta} \right]
\end{aligned}
$$

取对数

$$\ln L(\alpha,\beta,\gamma) = n\ln\beta - n\beta\ln\alpha + (\beta-1)\sum_{i=1}^{n}\ln(t_i-\gamma) - \sum_{i=1}^{n}\left(\frac{t_i-\gamma}{\alpha}\right)^{\beta}$$

对数似然方程组为

$$\begin{cases} \dfrac{\partial\ln L}{\partial\alpha} = -\dfrac{n\beta}{\alpha} + \dfrac{\beta}{\alpha}\sum_{i=1}^{n}\left(\dfrac{t_i-\gamma}{\alpha}\right)^{\beta} = 0 \\[2mm] \dfrac{\partial\ln L}{\partial\beta} = -\dfrac{n}{\beta} - n\ln\alpha + \sum_{i=1}^{n}\ln(t_i-\gamma) - \sum_{i=1}^{n}\left(\dfrac{t_i-\gamma}{\alpha}\right)^{\beta}\ln\left(\dfrac{t_i-\gamma}{\alpha}\right) = 0 \\[2mm] \dfrac{\partial\ln L}{\partial\gamma} = -(\beta-1)\sum_{i=1}^{n}\dfrac{1}{x_i-\gamma} + \dfrac{\beta}{\alpha^{\beta}}\sum_{i=1}^{n}(t_i-\gamma)^{\beta-1} = 0 \end{cases} \quad (13-53)$$

整理可得

$$\begin{cases} \alpha^{\beta} - \dfrac{1}{n}\sum_{i=1}^{n}(t_i-\gamma)^{\beta} = 0 \\[2mm] \dfrac{n}{\beta} + \sum_{i=1}^{n}\left[1-\left(\dfrac{t_i-\gamma}{\alpha}\right)^{\beta}\right]\ln\left(\dfrac{t_i-\gamma}{\alpha}\right) = 0 \\[2mm] (\beta-1)\sum_{i=1}^{n}\dfrac{1}{x_i-\gamma} - \dfrac{\beta}{\alpha^{\beta}}\sum_{i=1}^{n}(t_i-\gamma)^{\beta-1} = 0 \end{cases}$$

下面给出一个近似解模拟的算例. 代码如下:

```
%%%%%% 三参数 Weibull 分布的最小二乘参数估计
clear,clc,close all
alpha = 10; beta = 2; gam = 5; % 三个参数真值
n = 50;    % 样本容量
N = 500;   % 模拟次数
Alphah = zeros(1,N); Betah = Alphah; Gammah = Alphah; %赋初值
%%%%%%%%%%% 待优化目标函数
funLE = @(x,t)-(n*log(x(2))-n*x(2)*log(x(1))+(x(2)-1)*sum(log(t-x(3)))-
sum(((t-x(3))/x(1)).^x(2))); % 对数似然函数
% x(1) alpha  x(2) beta x(3) gamma
for k = 1:N
    X = gam + alpha*(-log(rand(1,n))).^(1/beta); % rand 和 1 - rand 同分布
    LB = [alpha-5,beta-2,gam-1]; UB = [alpha+5,beta+3,min(X)-0.1]; x0 =
[alpha,beta,gam];
    [params,fval] = fminsearchbnd(@(x)funLE(x,X),x0,LB,UB);
    Alphah(k) = params(1); Betah(k) = params(2);  Gammah(k) = params(3);
```

```
end
disp('尺度参数 alpha')
scale = [mean(Alphah),std(Alphah)]
disp('形状参数 beta')
shape = [mean(Betah),std(Betah)]
disp('位置参数估计')
Location = [mean(Gammah),std(Gammah)] % 位置参数 gamma 的估计
hist([Alphah;Betah;Gammah]',50)
```

运行结果为

尺度参数 alpha

```
scale = 9.408141040450118   1.372988205677172
```

形状参数 beta

```
shape = 1.905544639544920   0.364444428974087
```

位置参数估计

```
Location = 5.446277403476429   0.911198330497002
```

Weibull 分布参数估计的频数直方图如图 13-2 所示。

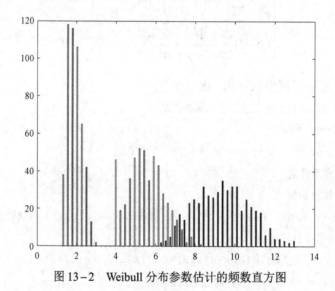

图 13-2 Weibull 分布参数估计的频数直方图

　　三参数 Weibull 分布的区间估计比较复杂，感兴趣的读者可以去查相关文献，或者借助计算机的计算能力直接用 Bootstrap 方法进行估计.

13.4　基于中位秩的线性回归方法

13.4.1　二参数 Weibull 分布参数的估计

先讨论二参数 Weibull 分布情形.

设 $t_1 \leqslant t_2 \leqslant \cdots \leqslant t_n$ 为一组由小到大排序的样本容量为 n 的样本值，则分布函数值为

$$F(t_i) = 1 - \exp\left[-\left(\frac{t_i}{\alpha}\right)^\beta\right] \tag{13-54}$$

变形为

$$\ln\ln\frac{1}{1-F(t_i)} = \beta\ln t_i - \beta\ln\alpha. \tag{13-55}$$

文献中有两种常见的化为线性回归模型的方法.

若 $F(t_i)$ 用它的经验分布函数近似，取为 $F(t_i) \approx F_n(t_i) = \dfrac{i-0.3}{n+0.4}$. 再令 $y_i = \ln\ln\dfrac{1}{1-F_n(t_i)}$，

$x_i = \ln t_i$，$A = -\beta\ln\alpha$，$B = \beta$，则式（13-55）对应的线性回归模型为

$$y_i = A + Bx_i + \varepsilon_i, i = 1, 2, \cdots, n. \tag{13-56}$$

由线性模型，可得线性模型的最小二乘参数估计为

$$\hat{A} = \overline{y} - \hat{B}\overline{x}, \quad \hat{B} = \frac{\displaystyle\sum_{i=1}^{n}(x_i - \overline{x})y_i}{\displaystyle\sum_{i=1}^{n}(x_i - \overline{x})^2}. \tag{13-57}$$

得到回归系数 $\hat{A}$，$\hat{B}$ 后，则得二参数 Weibull 分布的参数估计为

$$\hat{\beta} = \hat{B}, \quad \hat{\alpha} = \exp\left(-\frac{\hat{A}}{\hat{B}}\right) \tag{13-58}$$

式（13-55）也可变形为

$$\ln t_i = \frac{1}{\beta}\ln\ln\frac{1}{1-F(t_i)} + \ln\alpha \tag{13-59}$$

若令 $y_i = \ln t_i$，$x_i = \ln\ln\dfrac{1}{1-F_n(t_i)}$，$A = \ln\alpha$，$B = \dfrac{1}{\beta}$，则式（13-59）对应的线性回归模

型为

$$y_i = A + Bx_i + \varepsilon_i, i = 1, 2, \cdots, n. \tag{13-60}$$

得到回归系数 $\hat{A}$，$\hat{B}$ 后，则有二参数 Weibull 分布的参数估计为

$$\hat{\alpha} = \exp(\hat{A}) , \quad \hat{\beta} = \frac{1}{\hat{B}}. \qquad (13-61)$$

于是对于同样的样本，得到二参数 Weibull 分布的参数估计不同，结果不唯一. 这是因为普通的最小二乘准则下是求使 y 轴方向上的残差平方和 $\sum_{i=1}^{n}[y_i - (A + Bx_i)]^2$ 取最小值的 $\hat{A}$, $\hat{B}$，因此变量互换后得到的参数估计不同. 而在全最小二乘准则下，是求使点 $(x_i, y_i), i = 1, 2, \cdots, n$ 到拟合直线的垂直残差平方和 $\sum_{i=1}^{n} \frac{[y_i - (A + Bx_i)]^2}{1 + B^2}$ 取最小值的 $\hat{A}$, $\hat{B}$.

可得线性模型的全最小二乘参数估计[17]为

$$\hat{A} = \overline{y} - \hat{B}\overline{x} , \quad \hat{B} = -b \pm \sqrt{1 + b^2} \qquad (13-62)$$

其中 $b = \frac{1}{2} \dfrac{\sum_{i=1}^{n}(x_i - \overline{x})^2 - \sum_{i=1}^{n}(y_i - \overline{y})^2}{\sum_{i=1}^{n}(x_i - \overline{x})(y_i - \overline{y})}$，$\hat{B}$ 中 $\pm$ 号依赖于直线斜率，满足 $\hat{B}_1 \cdot \hat{B}_2 = -1$.

由于在全最小二乘准则下，x 与 y 在平面上的拟合关系式唯一确定，所以参数 α 和 β 的估计可用式（13-58）或式（13-61），二者的数值相同.

注意：这里分布函数值 $F(t_i)$ 用它的经验分布值 $F_n(t_i)$ 来替代，有很多近似公式，最常用的有 $F_n(t_i) = \dfrac{i - 0.3}{n + 0.4}$ 或 $F_n(t_i) = \dfrac{i - 3/8}{n + 1/4}$（GB/T 4882—2001 推荐值）. 有人使用中位秩（median rank），这里给出中位秩的定义和求解方法.

定义 13-5 中位秩是在 N 个单元样本第 i 次失效时真实失效概率在 50% 的置信水平上应具有的值，或者是不可靠性的最佳估计值，此估计值是下面二项方程的解

$$\sum_{k=i}^{n} C_n^k z^k (1-z)^{n-k} = 0.5 , \quad 0 < z < 1, \qquad (13-63)$$

式（13-63）的解称为第 i 次的中位秩.

求解方程（13-63）比较复杂，文献中常取第 i 次中位秩的近似值为 $\dfrac{i - 0.3}{n + 0.4}$，称为 Benard 近似. 下面编写了精确计算中位秩的计算机程序 **MedianRank( )**.

```
function MR = MedianRank(n)
%  给出中位秩的向量
%     MR = MedianRank(6)
MR0 = ((1:n)-0.3)/(n+0.4);% Benard's Approximation
MR = MR0;  %赋初值
for k = 1:n
    MR(k) = fminsearch(@(Z)abs(binocdf(k-1,n,Z,'upper')-0.5),MR0(k));
end
```

只要给出样本容量 n，即可用 MR＝MedianRank(n)生成对应的经验分布对应函数值向量.
下面给出测试代码.

```
% 基于中位秩回归的 Weibull 参数估计
t = [16,34,53,75,93,120]; n = length(t);%样本容量
MR = MedianRank1(n);% 精确搜索中位秩的值
T = sort(t); x = log(T);  % 由小到大排序
F = MR;y = log(-log(1-F));
% RRY
p = polyfit(x,y,1); %线性回归
A = p(2); B = p(1);
beta = B;
alpha = exp(-A/B);
RRYparameters = [alpha,beta]
% RRX % x = -a/b + 1/b y   a = -p(2)/p(1); b = 1/p(1)
p = polyfit(y,x,1);
A = -p(2)/p(1); B = 1/p(1);
beta = B;
alpha = exp(-A/B);
RRXparameters = [alpha,beta]
% TLS 全最小二乘法
xm = mean(x);ym = mean(y);
b = 1/2*(sum((x-xm).^2)-sum((y-ym).^2))/sum((x-xm).*(y-ym));
B = -b+sqrt(1+b^2); A = ym-B*xm;
beta = B; alpha = exp(-A/B);
TLSparameters = [alpha,beta]
```

运行结果为
```
RRYparameters =  76.320380645384176   1.430081873695560
RRXparameters =  76.085188955501465   1.442787706801542
TLSparameters =  76.161578507861549   1.438631890236615
```

可见，在全最小二乘准则下得到结果介于 RRY 和 RRX 两种普通最小二乘得到的结果之
间，也更加合理. 因此，本节推荐使用全最小二乘取代普通的最小二乘回归方法.

13.4.2　三参数 Weibull 分布参数的估计

设 $t_1 \leqslant t_2 \leqslant \cdots \leqslant t_n$ 为一组由小到大排序的样本容量为 n 的样本值，则对应分布函数值为

$$F(t_i) = 1 - \exp\left[-\left(\frac{t_i - \gamma}{\alpha} \right)^\beta \right] \qquad (13-64)$$

可以变形为

$$\ln\ln\frac{1}{1-F(t_i)} = \beta\ln(t_i - \gamma) - \beta\ln\alpha \tag{13-65}$$

或等价地变形为

$$\ln(t_i - \gamma) = \frac{1}{\beta}\ln\ln\frac{1}{1-F(t_i)} + \ln\alpha \tag{13-66}$$

由于线性回归只能确定 2 个参数，因此还需要寻找其他约束条件.

不妨设 $x_i = \ln(t_i - \gamma)$，$y_i = \ln\ln\frac{1}{1-F_n(t_i)}$，考虑到参数 γ 的实际意义，需要满足 $0 < \gamma < t_1$，又由 x_i 和 y_i 满足线性关系，于是可以在 $(0, t_1)$ 内搜索 γ，取能使 x_i 和 y_i 的相关系数

$$r = \frac{\sum_{i=1}^{n}(y_i - \overline{y})(x_i - \overline{x})}{\sqrt{\sum_{i=1}^{n}(x_i - \overline{x})^2 \sum_{i=1}^{n}(y_i - \overline{y})^2}}$$ 取最大值的有 $\hat{\gamma}$ 作为位置参数 γ 的估计. 求出参数 γ 的估计 $\hat{\gamma}$ 后，

再用全最小二乘法求出参数 α，β 的估计 $\hat{\alpha}$，$\hat{\beta}$.

先编写子程序 LOCfit()，用于寻找位置参数 γ.

```
function fval = LOCfit(t,T,y)
    x = log(T-t); x(1)=[]; y(1)=[];
    rbest = abs(corr(x',y'));fval = - rbest;
```

下面给出测试代码

```
alpha = 5; beta = 2; Loc = 1; %三个参数取值
n = 200; %样本容量
X = Loc + alpha*(-log(rand(1,n))).^(1/beta); % rand 和 1 - rand 同分布
MR = MedianRank1(n);% 精确搜索中位秩的值
T = sort(X); x = log(T);  % 由小到大排序
F = MR; y = log(-log(1-F));
[Locbest,fval] = fminbnd(@(x)LOCfit(x,T,y),0.1,T(1)-0.001);
% TLS 全最小二乘法
x = log(T-Locbest); % 重新定义 x
xm = mean(x);ym = mean(y);
b = 1/2*(sum((x-xm).^2)-sum((y-ym).^2))/sum((x-xm).*(y-ym));
B = -b+sqrt(1+b^2); A = ym-B*xm;
beta = B; alpha = exp(-A/B);
TLSparameters = [alpha,beta,Locbest]
```

运行结果为

```
TLSparameters = 5.141705086196032   1.940243557264841   1.110546309847825
```

本节使用精确搜索出来的中位秩，计算机运行时间略长. 如果样本容量 n 很大，可用近

似取值代替. 使用中位秩回归分析方法求 Weibull 分布的参数估计的优点是公式简单和计算量小, 可以作为最大似然估计的初值.

13.5　Weibull 分布在地震活动性分析中的应用

地震研究中通常用地震活动性模型潜源区地震的时空分布、强度分布、频度分布等地震活动特征. 这里用 Weibull 分布对地震数据进行处理和分析.

选取文献[22]中的实例进行分析. 这里取南亚次大陆东部 1846—2013 年的 20 个 7 级以上地震为例.

表 13-1 给出所要研究的地震发生的时间、经纬度位置、深度和震级大小等参数.数据缺失的地方留了空白, 这里主要研究时间数据, 缺失的地方在具体处理时用 0 替代, 时间单位都统一成年进行处理. 两次地震发生之间的时间间隔用 Weibull 分布来描述.

表 13-1　地震数据参数表

数据	时间					位置		震源深度	震级
编号	年	月	日	时	分	纬度(N)	经度(E)		
1	1846	12	10			26.00	93.00		7.5
2	1868	6	30			24.50	91.50		7.5
3	1885	1	1			25.40	90.00		7.3
4	1897	6	12	11	5	25.90	91.90	60	8.7
5	1908	12	12			26.50	97.00		7.5
6	1912	5	23	2	24	21.00	97.00	25	7.9
7	1918	7	8	10	22	24.50	91.00	60	7.6
8	1923	9	9	22	3	25.25	91.00		7.1
9	1931	1	27	20	9	25.60	96.80	60	7.6
10	1943	10	23			21.50	93.50		7.2
11	1946	9	12	15	20	23.50	96.00	60	7.5
12	1947	7	29	13	43	28.50	94.00	60	7.9
13	1950	8	15	14	9	28.50	96.70		8.6
14	1951	11	18	9	35	30.50	91.00		8.0
15	1954	3	21	23	42	24.40	95.20	180	7.5
16	1961	2	4	8	51	24.90	93.34	141	7.6
17	1976	5	29	14	0	24.53	98.71	10	7.0
18	1988	8	6	0	36	25.15	95.13	91	7.2
19	1991	1	5	14	57	23.61	95.90	20	7.1
20	1995	7	11	21	46	21.97	99.20	12	7.1

这里首先处理表 13-1 的时间数据,然后使用二参数和三参数 Weibull 分布模型对大震发生时间间隔数据进行处理,得到参数估计(见表 13-2). 计算和绘图代码如下.

表 13-2　地震数据参数表

模型	参数	估计方法			
		矩估计	L-矩估计	最大似然估计	全最小二乘回归
二参数 Weibull 分布	α	8.5462	8.3621	8.5548	8.5242
	β	1.3662	1.2282	1.3572	1.2979
三参数 Weibull 分布	α	11.9858	9.2617	7.2391	7.8680
	β	1.8569	1.3661	1.0824	1.0750
	γ	-2.8239	-0.6549	0.7804	0.5162

```
clear,clc,close all
% 编号    时间
%      年   月   日   时   分
dat = [1    1846    12  10   0   0;
2   1868    6   30   0   0;
3   1885    1   1    0   0;
4   1897    6   12  11   5;
5   1908    12  12   0   0;
6   1912    5   23   2  24;
7   1918    7   8   10  22;
8   1923    9   9   22   3;
9   1931    1   27  20   9;
10  1943    10  23   0   0;
11  1946    9   12  15  20;
12  1947    7   29  13  43;
13  1950    8   15  14   9;
14  1951    11  18   9  35;
15  1954    3   21  23  42;
16  1961    2   4    8  51;
17  1976    5   29  14   0;
18  1988    8   6    0  36;
19  1991    1   5   14  57;
20  1995    7   11  21  46];
Year = dat(:,2); Mon = dat(:,3); Day = dat(:,4); Hour = dat(:,5); Min = dat(:,6);
```

```
%都化成统一的单位 年，近似计算为
time = Year + (Mon-1)/12 + Day/30/12 + Hour/24/30/12 + Min/60/24/30/12;
T = diff(time);% 没由小到大排序
T = sort(T)';    % 由小到大排序
% 矩估计
[alpha, beta, fval] = WBLFITMOM(T)
% 三参数
[Alpha,Beta,Location,fval] = WBLFITMOM3P(T)
% L-矩估计
n = length(T);
b0 = mean(T); jv = (2:n)-1;  b1 = 1/n*sum(jv/(n-1).*T(2:n));
m1 = b0;  m2 = 2*b1 - b0;
betah = log(2)/(log(m1/(m1-m2)));
alphah = m1/gamma(1+1/betah);
[alphah,betah]
% 三参数
b0  = mean(T); jv = 2:n; b1 = 1/n*sum((jv-1)/(n-1).*T(jv));
jv1 = 3:n; b2 = 1/n*sum((jv1-1).*(jv1-2)/(n-1)/(n-2).*T(jv1));
L1 = b0; L2 = 2*b1-b0; L3 = 6*b2-6*b1+b0;
fitmiss = @(t)abs(L3/L2-(1-3*(1/2)^(1/t)+2*(1/3)^(1/t))/(1-(1/2)^(1/t)));
% 估计参数 beta
[Betah,fval] = fminbnd(fitmiss,0.1,10);
Alphah = L2/(1-2^(-1/Betah))/gamma(1+1/Betah);
Loch = L1 - Alphah*gamma(1+1/Betah);
[Alphah,Betah,Loch]


% 最大似然估计
mequs = @(x,T)[-n*x(2)/x(1)+x(2)/x(1)*sum((T/x(1)).^x(2));...
        n/x(2)+sum(log(T/x(1)))-sum((T/x(1)).^x(2).*log(T/x(1)))];
x0 = [alpha;beta]+rand(2,1);
[x,fval] = fsolve(@(x)mequs(x,T),x0);
Alphah = x(1);Betah = x(2);
[Alphah, Betah]
% parmhat = wblfit(T), [parmhat,parmci] = wblfit(data)%内置的最大似然估计,结果
                                        一样
funLE = @(x,t)-(n*log(x(2))-n*x(2)*log(x(1))+(x(2)-1)*sum(log(t-x(3)))-
```

```
sum((((t-x(3))/x(1)).^x(2)));   % 对数似然函数
    LB = [Alphah-5,Betah-1.5,0.1];  UB = [Alphah+5,Betah+3,min(T)-0.1];  x0 =
[Alphah,Betah,min(T)/2];
    [params,fval] = fminsearchbnd(@(x)funLE(x,T),x0,LB,UB);
    Alphah = params(1);  Betah = params(2);  Gammah = params(3);
    [Alphah, Betah, Gammah]


    % 经验分函数
    [ft,t] = ecdf(T);  stairs(t,ft,'linewidth',2)
    hold on
    t = 0:0.1:25;  F2p = 1-exp(-(t/Alphah).^Betah);  plot(t,F2p,'linewidth',2)%MLE
    t = Gammah:0.1:25;  F3p = 1-exp(-((t-Gammah)/Alphah).^Betah);  plot(t,F3p,
'k--','linewidth',2)
    %  全最小二乘回归
    x = log(T);  % 由小到大排序
    F = MedianRank1(n);% 精确搜索中位秩的值;
    y = log(-log(1-F));
    % TLS 全最小二乘法
    xm = mean(x);ym = mean(y);
    b = 1/2*(sum((x-xm).^2)-sum((y-ym).^2))/sum((x-xm).*(y-ym));
    B = -b+sqrt(1+b^2);  A = ym-B*xm;
    beta = B;  alpha = exp(-A/B);
    TLS2parameters = [alpha,beta]
    % 三参数
    [Locbest,fval] = fminbnd(@(t)LOCfit(t,T,y),0.1,T(1)-0.001);
    % TLS 全最小二乘法
    x = log(T-Locbest);  % 重新定义 x
    xm = mean(x);ym = mean(y);
    b = 1/2*(sum((x-xm).^2)-sum((y-ym).^2))/sum((x-xm).*(y-ym));
    B = -b+sqrt(1+b^2);  A = ym-B*xm;
    beta = B;  alpha = exp(-A/B);
    TLS3parameters = [alpha,beta,Locbest]
    % 经验分函数
    figure(2)
    [ft,t] = ecdf(T);  stairs(t,ft,'linewidth',2)
    hold on
```

```
t = 0:0.1:25; F2p = 1-exp(-(t/alpha).^beta); plot(t,F2p,'k-',
'linewidth',2)%TLS
    t = Locbest:0.1:25; F3p = 1-exp(-((t-Locbest)/alpha).^beta); plot(t,F3p,
'k--','linewidth',2)
```

图 13-4 为经验分布函数和二参数与三参数最大似然估计的分布函数图.

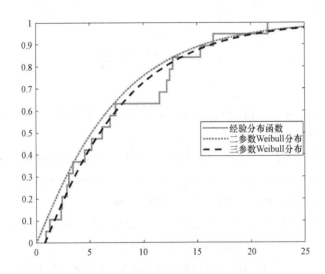

图 13-4　经验分布函数和二参数与三参数最大似然估计的分布函数图。

图 13-5 为经验分布函数和二参数与三参数全最小二乘估计的分布函数图.

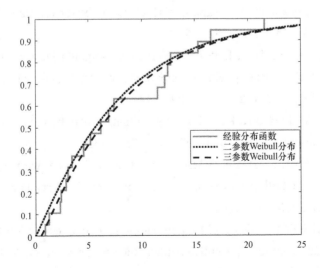

图 13-5　经验分布函数和二参数与三参数全最小二乘估计的分布函数图

拓展思考

为了比较各种方法估计结果的优劣，经常使用 KS 距离、AIC 准则和 BIC 准则等，这里不再详述. 有时数据是截断数据，一般需要用最大似然估计才能得到好的估计，有时数据比较复杂，需要混合 Weibull 分布才能很好地描述随机现象，可以用 EM 和其他优化方法进行参数估计. Weibull 分布的应用很广泛，在其他领域也有很多应用. 本章提供了一些基本的方法，供参考.

本章参考文献

[1] LEHMAN E H. Shapes, moments and estimators of the Weibull distribution[J]. Transactions of IEEE on reliability, 1962, 11: 32－38.

[2] ARTHUR G J, MACIUNAS L J, MATALAS N C, et al. Probability weighted moments: Definition and relation to parameters of several distributions expressable in inverse form[J]. Water resources research, 1979, 15 (5): 1049－1054.

[3] VOGEL R M, FENNESSEY N M. L-moment diagrams should replace product moment diagrams[J]. Water resources research, 1993, 29 (6): 1745－1752.

[4] BALAKRISHNAN N, KATERI M. On the maximum likelihood estimation of parameters of Weibull distribution based on complete and censored data[J]. Statistics & probability letters, 2008, 78 (17): 2971－2975.

[5] CHEN W X, XIE M Y, WU M. Modified maximum likelihood estimator of scale parameter using moving extremes ranked set sampling[J]. Communications in statistics - simulation and computation, 2016, 45 (6): 2232－2240.

[6] MARKOVIC D, JUKIC D, BENSIC M.Nonlinear weighted least squares estimation of a three-parameter Weibull density with a nonparametric start[J]. Journal of computational and applied mathematics, 2009, 28 (1): 304－312.

[7] KANG Y J, NOH Y, LIM O K. Kernel density estimation with bounded data[J]. Structural and multidisciplinary optimization, 2018, 57 (1): 95－113.

[8] CARNEIRO T C, MELO S P, CARVALHO P C M, et al. Particle swarm optimization method for estimation of Weibull parameters: a case study for the Brazilian northeast region[J]. Renewable energy, 2016, 86 (2): 751－759.

[9] ORKCU H H, AKSOY E, DOGAN M I. Estimating the parameters of 3-p Weibull distribution through differential evolution[J]. Applied mathematics & computation, 2015, 251: 211－224.

[10] KELLER M, POPLIN A L, BOUSQUET N, et al. Nonparametric estimation of the probability of detection of flaws in an industrial component, from destructive and nondestructive testing data, using approximate Bayesian computation[J]. Risk analysis, 2015, 35 (9):

1595－1610.

[11] AGHMASHEH R，RASHTCHI V，RAHIMPOUR E. Gray box modeling of power transformer windings for transient studies[J]. IEEE transactions on power delivery，2017，32（5）：2350－2359.

[12] TALAFUSE T P，POHL E A. Small sample reliability growth modeling using a grey systems model[J]. Quality engineering，2017，29（3）：455－467.

[13] SOMAN K P，MISRA K B. A least square estimation of three parameters of a Weibull distribution[J]. Microelectronics reliability，1992，32（3）：303－305.

[14] AHMAD K E. Modified weighted least-squares estimators for the three-parameter Weibull distribution[J]. Applied mathematics letters，1994，7（5）：53－56.

[15] FLORENCE G. A comparison of shape and scale estimators of the two-parameter Weibull distribution[J]. Journal of modern applied statistical methods，2014，13（1）：23－35.

[16] MARKOVSKY I, VAN HUFFEL S. Overview of total least-squares methods[J]. Signal Processing, 2007，87（10）：2283－2302.

[17] PETRAS I, BEDNAROVA D. Total least squares approach to modeling: a Matlab toolbox[J]. Acta montanistica slovaca，2010，15（2）：158－170.

[18] ZHANG L F，XIE M，TANG L C. A study of two estimation approaches for parameters of Weibull distribution based on WPP[J]. Reliability engineering & system safety，2007,，92（3）：360－368.

[19] MAHBOUB V，AMIRISIMKOOEI A R，SHARIFI M A . Iteratively reweighted total least squares: a robust estimation in errors-in-variables models[J]. Survey review，2013，45（329）：92－99.

[20] SCHAFFRIN B，LEE I，CHOI Y，et al. Total least-squares (TLS) for geodetic straight-line and plane adjustment[J]. Bollettino di Geodesia e Scienze Affini，2006，65（3）：141－168.

[21] NELSON W B. Applied life data analysis[M]. Hoboken：John Wiley & Sons, Inc.，1982.

[22] PASARI S，DIKSHIT O. Impact of three-parameter Weibull models in probabilistic assessment of earthquake hazards[J]. Pure and applied geophysics，2014，171（7）：1251－1281.